新規就農ガイドブック

監修：**全国新規就農相談センター**

発行：**一般社団法人 全国農業会議所**

はじめに

　サラリーマンなど農業以外の分野から新たに農業を始める人たち、「新規就農者」に注目が集まっています。また、若い世代を中心に、農業法人への就職を希望し、雇用されることで農業の世界に飛び込む人たちも増えてきています。農林水産省もこうした新規就農者や農業法人への就職希望者を支援する施策を強化しています。

　全国農業会議所は、昭和62年度から、農業内外の新規就農希望者の就農相談窓口として、「全国新規就農相談センター」を設置しており、各都道府県の就農相談窓口と一緒に相談活動に取り組んできています。

　本書は、全国新規就農相談センターの監修のもと、就農にあたって知っておきたい基礎知識や活用できる制度等についてまとめました。農業へのイメージをふくらませること、新規就農に必要な経営資源を確保すること、どこでどんな農業をするか計画することなどです。

　最後に、編集にご尽力いただいた関係者のみなさんに深くお礼を申し上げます。この本が、新規就農希望者や就農を支援する関係機関・団体のみなさんに広く活用されるのであれば幸いです。

令和5年3月

一般社団法人 全国農業会議所

目　次

第1章

新規就農までの道筋

1 農業へのイメージをふくらませる

農業を始める理由はさまざま

　会社勤めや自営業などを辞めて農業をめざす人が増加してきています。新規就農者を対象に全国新規就農相談センターが行った「令和3年度新規就農者の就農実態に関する調査結果」（以下「新規就農者実態調査」）によると、「経営」や、「自然・環境」に関する理由の割合が高い一方、「安全・健康」や「家族・自由」に関する理由も一定数いるなど、農業を始めるきっかけは多様化してきています（表1）。

就農までの道筋

　新たに農業を始める場合、特に特定の試験に合格するといった資格が必要なわけではありませんが、あえて言えば、農業をやりたいという強い意志と意欲をもっていることが大切な条件です。

　新たに農業を始める場合、①営農技術を身につけること（技術やノウハウの習得）、②営農資金や当分の間の生活資金を確保すること（資金の確保）、③生産の基盤である農地（田や畑）を借りるなり、買い入れをすること（農地の確保）、④農業機械や栽培用ハウスなどを用意すること（機械や施設の確保）——といった農業の経営資源を確保する必要があります。

　また、多くは移住をともなうため、⑤生活の拠点となる住宅を用意すること（住宅の確保）も必要です。これら「五つの要素」は農業を始める上では欠かせないものです。

　準備は一朝一夕で終わるものではありません。「新規就農者

実態調査」によると、具体的なアクションを起こしてから就農までに要した年数はどの年代においても７割近くの方は１年以上かかっています（図１）。時間をかけて準備する心構えを持っておきましょう。

表１　就農した理由（三つまで選択）

単位：%

就農した理由		今回調査 2021 年	前回調査 2016 年	前々回調査 2013 年
自然・環境	農業が好きだから	36.4	40.4	37.7
	自然や動物が好きだから	20.1	18.8	23.6
	農村の生活（田舎暮らし）が好きだから	15.7	16.2	18.4
安全・健康	食べ物の品質や安全性に興味があったから	17.0	20.0	19.8
	有機農業をやりたかったから	10.8	11.9	14.0
家族・自由	時間が自由だから	28.3	24.1	27.4
	家族で一緒に仕事ができるから	15.1	19.8	19.8
	子供を育てるには環境が良いから	10.5	10.0	11.2
	配偶者が農業を始めたから	2.0	-	-
経営	自ら経営の采配を振れるから	51.6	52.3	45.8
	農業はやり方次第でもうかるから	35.2	38.2	32.3
	以前の仕事の技術を生かしたいから	7.9	7.9	6.5
消極的	会社勤めに向いていなかったから　※	22.1	16.6	13.8
	都会の生活が向いていなかったから	5.2	3.9	2.5

※「会社勤めに向いていなかったから」＝旧「サラリーマンに向いていなかったから」として前回データ掲載

出典：新規就農者実態調査

図1　就農までに要した年数

就農時年齢	5年以上	3年以上5年未満	2年以上3年未満	1年半以上2年未満	1年以上1年半未満	1年未満
29歳以下	8.8	19.9	13.7	21.9	7.2	28.4
30〜39歳	9.4	19.3	15.2	23.3	8.0	24.7
40〜49歳	10.1	18.8	15.1	26.8	8.5	20.6
50〜59歳	8.3	24.1	15.7	22.2	7.4	22.2
60歳以上	11.6	20.9	2.3	34.9	4.7	25.6

出典：新規就農者実態調査

「どこで」、「何を」したいか決める

　「農業をやりたい」と考えた人は、まずは方針をおおまかに決めておく必要があります。例えば、本格的に農業をやりたいのか、田舎暮らしをしながら野菜などを自給程度に栽培したいのか、農業法人などの従業員になって農業の仕事をしたいのか、などです。方針を決めたのちそれを実現するために必要な情報を集めていきます。

　情報を集めていく中で、就農を希望する場合は「どこで（就農希望地）」、「何を（希望作目）」を決めていきます。作目については、例えば、野菜なのか、米や麦なのか、果樹の栽培なのか、それとも畜産（牛、豚、鶏の肥育など）なのか、などです。さらに突き詰めると、どのような栽培方法（慣行農業、有機農業）で、どのような経営の形態（家族経営か、仲間どうしの共同経営か）でやるのかなどを整理しておきます。また、野菜など作物の栽培や畜産などの基礎的な知識を収集することも大切です。

図2 就農までの道筋

情報や基礎知識の収集

① 農業を始めるための情報を集めたり、就農相談のために全国・都道府県などの相談窓口を訪ねよう。また、こうした窓口が開設しているホームページなどで情報を集めよう。
② 就農相談会である「新・農業人フェア」に参加しよう。
③ 農業の基礎知識を身につけよう。

体験・現場見学

めざす農業経営ビジョンの明確化

① どんな作物を栽培するか、作物を考えよう。
② 作目は単一の専作経営か、複数以上の複合経営か、経営のタイプを決めよう。
③ 露地栽培か施設栽培か、通常栽培か有機栽培か、栽培方法の選択を考えよう。
④ 農作業に従事できる労働力と作目・経営タイプ・栽培方法の選択、経営規模等がマッチしているか、考えよう。
⑤ 選択作目や生活条件、都道府県、市町村の支援措置等から就農候補地を検討しよう。
⑥ できるだけ現地を訪ね、自分の足で農地・住宅・研修先・生活・農業経営環境などの関連情報を収集しよう。

技術やノウハウの修得 ● めざす農業経営に必要な技術やノウハウを身につけよう。

資金の確保 ● めざす農業経営に必要な資金、経営安定までの生活資金を、融資の可能性も含めて検討し、確保しよう。

農地・住宅の確保 ● 経営開始の可能な農地、同時に営農に適した住宅を確保しよう。

機械や施設の確保 ● 経営開始に当たって必要な機械や施設を確保しよう。

営農計画の作成 ● 生産計画、販売計画、資金計画を明確なプランにしよう。

農地の取得 ● 就農する市町村の農業委員会で農地取得（貸借を含む）の手続きをし、農地法の許可を受けよう。

就 農 ● 自分の農業経営確立への第一歩です。

注：実際にはいろんなパターンやケースがあります。おおまかなモデルケースとお考えください。

農業法人へ就職する場合

■求人情報の収集
相談センターのホームページや
ハローワーク

■就職活動
❶ 都道府県の新規就農相談窓口へ相談する。
❷ 就農相談会（新・農業人フェア等）に参加する。
❸ 希望する地域・作目・労働条件を確認する。
❹ 農業法人等へ電話・訪問する。

相談窓口を訪ねる

　就農するまでのおおまかな道筋は、図2のようになります。

　農業を始めたいと思っても、相談できる場所や人がいない場合は、途方にくれてしまいます。まずは、全国新規就農相談センター（東京・千代田区二番町、全国農業会議所内）や都道府県の新規就農相談窓口を訪ねて相談することをおすすめします。

　また、就農ポータルサイト「農業をはじめる．JP」（https://www.be-farmer.jp/）には、新規就農に関する情報を掲載しています。さらに、東京・大阪で年複数回開かれている「新・農業人フェア」には、都道府県や市町村の新規就農相談窓口や農業専修学校、求人や農業研修を受け入れている農業法人などが多数出展しています。

　「どこで（就農希望地）」、「何を（希望作目）」が決まっていれば、就農希望地のある市町村に相談してみましょう。市役所・町村役場内の農業関係部署や農業委員会のほか、農業協同組合（農協、ＪＡ）などが相談に応じています。

農業経営のイメージづくり

　就農に向けた事前の準備期間に入ります。新規就農相談窓口での相談をはじめ、新規就農に関する書籍、先輩新規就農者や

先進農家の体験談、さらに農業インターンシップ体験などを参考にしながら就農の実像をつかみ、自分がやりたい農業経営のイメージづくりをしていきます（経営像の明確化）。

　作目によって習得すべき農業技術や就農地が異なってくるため、自分がどのような作目をどこでつくるのかを決めることが大切です。経営作目と地域が決まったら、いよいよ農業技術を習得するための研修に入ります。

　農業を経営として成り立たせるには、先進農家や農業法人、あるいは農業専修学校・自治体の研修施設等で２〜５年間ほど実践的な研修を受けることが望ましいでしょう。

　この段階では、農業を始める就農候補地を絞り込んでおきます。実践研修を就農予定地で行えば、農地の確保や地域住民との関係作りにつながり、就農もしやすくなります。

　就農候補地を選ぶ際は、都道府県の新規就農相談窓口や市町村に相談しながら、研修受け入れ先の情報、農地や住宅などの現地情報などを集めます。あわせて、実際に現地を訪問して、どのような地域なのか、じかに知ることが大切です。

本格的な就農に向けて

　就農先の地域が決まってくると、就農に向けた準備も本格的になります。先に述べたように「五つの要素」（①技術・ノウハウの習得、②資金の確保、③農地の確保、④機械や施設の確保、⑤住宅の確保）の準備を進めていきます。

　農地（田・畑）の借り入れ・買い入れをする場合は、その農地の所在地にある市町村の農業委員会で、農地法にもとづいた所定の手続きをして、農地の取得に関する許可を受ける必要があります。

　その際、実際に就農先の地域に移り住んで、自分が取り組もうとする経営作目の収支計画（生産・販売計画）、機械・施設の導入計画、資金の調達計画などをまとめた営農計画を具体的に作成し、市町村の農業委員会に提出することになりますので、「五つの要素」をどのように確保するか整理していきます。詳しくは第2章、第3章をご参照ください。

　就農の開始時期は、畜産の場合は経営の準備が整い次第始められますが、米作や野菜作などの耕種農業の場合は、種をまく時期に間に合わせるように農業経営を始めるのが望ましいでしょう。

課題の整理と対応策の検討

　近年は、新規就農のための支援措置が国、都道府県、市町村によって整備され、相談窓口や農業研修制度、受け入れ支援措置などが充実してきています。農家出身の人がUターンで農業を始める場合は農地や機械などがすでにそろっている場合がありますが、農家以外の出身の人（非農家）が新規参入で農業を始める場合は、農地をはじめ、機械・施設の取得、農業技術の習得、さらに住居などの生活条件まで含めてゼロからスタートしなければなりません。それだけに、新規就農者には取り組むべき課題が多くなります。

　まずは「就農までの道筋」（5頁）を参考にして、就農までの課題を整理し、どのようにクリアしていくか、ひと通り検討してみましょう。

農業を仕事にする方法

農業に就く二つの道筋

　「就農」をする際、①新たに経営を始める（独立・自営就農）、②農業法人へ就職する（雇用就農）――の二つの選択肢があります。独立・自営就農は自らで経営を行うため、就農後も経営の安定・発展を図る必要がありますが、経営をするという意味では大きなやりがいがあります。雇用就農は事前に農地や開業資金を準備することなく、農業法人に雇用されれば就農できるというメリットがあります。

　令和３年度新規就農者調査結果（図３）によると、同３年度の新規就農者数は約5.2万人です。このうち新規自営農業就農者は約3.7万人（71％）、新規雇用就農者は約1.2万人（22％）となっています。年代別にみると、20代以下では雇用就農が、50代以上では独立・自営就農が多い傾向にあります。

農業を自営で始める方法

　独立・自営就農をするには、①技術・ノウハウ、②資金、③農地、④機械・施設、⑤住宅――の五つの要素の確保が必要です。第２章でも述べますが、これら五つの要素の確保に対して、国の支援措置をはじめ、都道府県や市町村による手厚い支援が措置されています。こうした支援を利用することで、農業技術の研修や農地・住居の確保などが比較的スムーズに運び、就農の準備を整えることができます。行政の支援措置を上手に利用することが大切です。

　また、農業法人に就職して技術を学びながら農地を探し、資

金を工面してから独立・自営就農する方法もあります。ただし、農業法人の多くは従業員として働いてもらうことを念頭に求人を出しています。求人情報を探す際、農業法人が独立・自営就農に向けて支援を行っているか、あらかじめ確認をしておきましょう。

農業法人に就職する方法

　全国新規就農相談センターは、（公社）日本農業法人協会と連携し、農業法人等の求人情報を集め、「農業をはじめる．JP」に求人情報を掲載しています。また、新・農業人フェアでは、各地域から農業法人が出展しており、求人情報を入手できることもあります。

　全国新規就農相談センターや都道府県の新規就農相談窓口の中には、無料職業紹介所を設置しています。また、都道府県のハローワーク（公共職業安定所）には農林漁業就職支援コーナーを設置しているところもあり、求人情報が入手できます。他にも農業の求人に特化した民間企業が運営する求人サイトなどでも求人情報を入手することができます。

図3　新規就農者数の状況

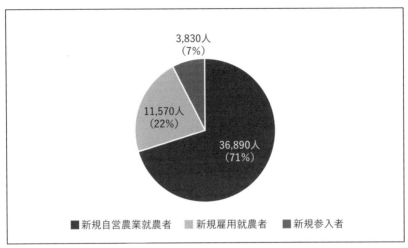

出典：令和3年度新規就農者調査（農林水産省）

図4　各年代別の就農形態の割合

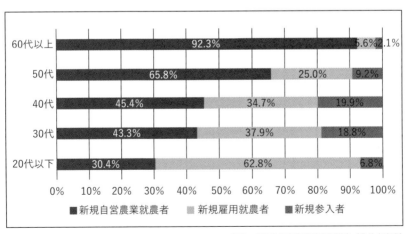

出典：令和3年度新規就農者調査（農林水産省）

3 新規就農で知っておきたいこと

農村に移住するということ

　新規就農して農業経営を始めることの多くは、農村に移り住んで、農村で生活することを意味しています。つまり、農村社会の一員になって主として農業を行うことになります。

　農村に住んで農業を行うことは、生産の場と生活の場とが一体化していることが特徴です。今では、農村でも兼業化が進んで農業以外の仕事にも従事するため、近隣の市町村に通勤するケースも増えています。しかし、農業生産を行う場と農村という生活の場が一体になっているという基本は変わりません。

　我が国の農業は古くから稲作を中心にして発達し、水の利用と結びついて集落が形成されてきました。そのため、河川の氾濫を防ぐ工事や水路の設置・補修とともに、農道の整備なども地域の住民が共同で行い、水や土地の利用を調整してきたという歴史をもっています。

　これは今日にも受けつがれており、集落の運営はもちろんのこと、個々の農業経営にも集落（地域）の共同体という考え方、いわゆる集落の住民が相互に助け合う「相互扶助」の精神が強いという特色が色濃く残っています。

　そのほか、農村特有の伝統行事、冠婚葬祭などにも集落の一員として参加、協力を求められることが多くなります。いわゆる"ムラづきあい"といわれるものです。そういった行事に積極的に参加して、地域に溶け込んでいくことによって、集落の人たちとふれあい、自分自身を理解してもらう努力が大切です。

家族と移住する

　農村に移り住んで農業を始める場合、家族のある人は家族とともに農村に移り住んで、生活をしていくことになるでしょう。

　農業を始める場所（就農希望地）を選ぶ場合、まず家族の生活がどのようなスタイルになるかを検討する必要があります。例えば、病院などの医療機関が整っているかどうか、保育園や幼稚園、小中学校などの教育施設はどこにあるか、公民館や体育館などの文化施設はどこにあるのかなどについて、就農前に家族とともに現地を訪ねて、確認しておくことが望ましいでしょう。家族みんなが農村の生活を楽しめるかという点は、最初に検討しておきましょう。

　なにより重要なのは家族からの理解を得ることです。家族の同意なしで事を進めることはできないでしょう。どこで、どんな農業をやるのか、意志を固めたら家族とよく相談をしましょう。

農業経営者になるということ

　独立・自営就農の場合、農業を始めるということは、農業の部門で起業して農業の経営者になるということです。他の産業などに勤務する給与所得者と違って、社会保険や税金などの面で、農家は自営業者、個人事業主として扱われることになります。例えば、所得税、住民税といった税金については、個人事業主として事業所得を確定申告することになります。したがって、「経営者になる」という自覚が必要です。

4 新規就農のためのポイント

　農家以外の出身者が新たに農業を始めるためには、農業生産の基盤である農地（田や畑）を確保することが必要です。また、作物を作るならその栽培技術を、家畜を飼うならその飼養技術を身につけなければなりません。

　経営作目に応じた農業機械・施設も新しくそろえたり、そのための資金を準備する必要があります。また、生活する拠点となる住まいも確保しなければなりません。

　新規就農者のほとんどは、経営資源がゼロの状態から農業経営を始めます。新規就農に向けて留意すべきポイントは、新規就農の先輩たちが新たに農業を始める際に苦労したことにヒントがあります。新規就農者実態調査によると、先輩の新規就農者は①農地、②資金、③営農技術──の三つの確保に苦労していることがわかります（図５）。

　営農技術、資金、農地、機械や施設、住居といった経営資源を確保する方法については、次の第２章で詳しく述べることにします。ここでは、新規就農を成功させるポイントとして、「農業に対する意欲と情熱」「経営像の明確化」「就農地域の選択」について述べます。

１）農業に対する意欲と情熱

　新規就農者の多くが、自治体での研修や農業法人などで実践的な研修を数年間行っています。就農した後も、「農業所得で生計が成り立つ」までにさらに５年以上かかる場合も多く、就農後５年目以上でも、半数程度は農業所得によって生計が成り

立っていません。こうした長い期間、農業に対する意欲と情熱を持ち続けることは容易ではありません。このモチベーションの持続が新規就農の成功につながります。

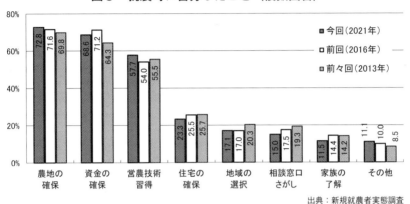

図5　就農時に苦労したこと（複数回答）

凡例：
■ 今回（2021年）
□ 前回（2016年）
□ 前々回（2013年）

項目	今回(2021年)	前回(2016年)	前々回(2013年)
農地の確保	72.8	71.6	69.8
資金の確保	68.6	71.2	64.3
営農技術習得	57.7	54.0	55.5
住宅の確保	23.3	25.5	25.7
地域の選択	17.1	17.0	20.3
相談窓口さがし	15.0	17.5	19.3
家族の了解	11.5	14.4	14.2
その他	11.1	10.0	8.5

出典：新規就農者実態調査

２）経営像の明確化（経営作目の選択と経営目標の設定）

　農業といっても、稲作、野菜、花き、果樹、工芸作物、畜産、きのこ類などと作目の幅が広くなっています。しかも、野菜や花き栽培には、露地栽培や施設栽培があります。栽培方法（農法）も、農薬や化学肥料を使用する通常の栽培方法（慣行栽培）のほかに、農薬や化学肥料の使用量を減らす減農薬・減化学肥料の栽培や、それらを必要としない有機農法（有機栽培）、自然農法などがあります。

　経営のスタイルについても、経営作目を一つの品目にしぼる単一経営（専作経営）と、複数の作目を組み合わせた複合経営があります。この複合経営には、経営のリスク分散や家族労働力の適正な配分がしやすく、例えば、耕種部門と畜産部門を有機的につなげることができるなどのメリットがあります。

　農業を始めるときに、自分が将来どのような農業経営をやりたいのか、めざす農業経営のイメージを明確にしておくことが大切です。自分がめざす農業のイメージを固めて、インターネットや書籍などによる情報収集や窓口相談などを通じて、徐々に具体化していきます。

　何を作るのか、何を育てるのかという経営作目の選択、経営作目を一つにしぼるのか、複数の作目にするのか、栽培方法は通常の栽培方法か有機農業か、また、経営規模をどの程度にするのか、生産物の販売方法をどうするか——などの経営目標を立てることが大切です。

　経営作目を選んで経営の目標を立てるときには、自分が何のために農業を始めようと思ったのかという就農の動機（理由）を考えながら、自分の農業経営像をふくらませていくことが重要です。その上で、自分の性格や健康状態、準備できる資金額、家族の農業従事者数などを考えあわせて、経営の目標を立てていきます。

3）就農地域の選択

　新たに農業を始める地域をどこにするのか、ある程度候補地域（就農希望地）を決めておく必要があります。

　どんな経営作目で、どのような農業をやりたいのかということが決まっていると、就農しようとする地域を選ぶ目安になります。作物にはその作物に適した気象条件や土壌条件があります（適地適作）。そのため、「どんな作物を作りたいか」ということが、就農する地域を選んでいくための重要な要因となります。

　希望する経営作目の主産地では、生産技術の指導体制や生産

物の出荷・販売体制がおおむね整備されています。初めて農業に取り組む人にとって、希望する作目の主産地に就農することはさまざまな面で有利といえるでしょう。

　また、生産物の販売・出荷のことを考えて、消費地への交通が便利なところを選んで就農する人もいます。

　現在、就農している地域を選んだ理由は、「行政等の受け入れ・支援対策が整っていた」「就業先・研修先があった」が多くなっています（表2）。就農地域の選択には、農地の取得の可否や自治体などによる新規就農者の受け入れ・支援体制の整備状況が、新規就農希望者の就農地域選択の判断材料になっているといえます。

表2　就農地選択の理由（複数回答）

単位：%

	今回調査 2021年		前回調査 2016年		前々回調査 2013年	
取得・賃借できる農地があった	50.8	①	53.1	①	50.2	①
行政等の受け入れ・支援対策が整っていた	28.7	②	27.0	③	26.0	③
就業先・研修先があった	28.3	③	27.7	②	22.6	⑤
自然環境がよかった	24.4	④	24.6	④	27.5	②
実家があった	22.8	⑤	24.2	⑥	21.2	⑥
その地域を以前からよく知っていた	22.6	⑥	24.5	⑤	23.7	④
希望作目の適地であった	21.7	⑦	21.7	⑦	18.2	⑦
家族の実家に近かった	16.9	⑧	16.1	⑧	17.5	⑧
農業を営む仲間がいた	16.1	⑨	15.5	⑨	15.5	⑩
（販売面も含めて）都市へのアクセスがよかった	14.0	⑩	13.2	⑩	17.5	⑧
相談窓口のあっせんがあった	11.3	⑪	9.6	⑪	8.2	⑬
営農指導体制が充実していた	10.4	⑫	9.4	⑫	9.0	⑫
その他	11.6		12.3		12.0	

出典：新規就農者実態調査

　また、「取得・貸借できる農地があった」という理由は、
2016年、2013年の同調査においても、もっとも多い結果となっ
ています。

　就農する地域を選ぶ場合、農地を取得できる条件をはじめ、
行政等の受け入れ・支援体制の充実度、あるいは家族の実家に
近いなどの理由によって地域の実情がわかっていること、希望
する作目の適地、自然環境、都市へのアクセスなど、いろいろ
な面を検討していることがわかります。

　農業生産の条件や環境、土地柄などから考えて、自分たちが
人生を託していくのにふさわしいところとして、就農する地域
を選んでいくことが大切です。

第2章

経営資源を確保する方法

1 農業経営のビジョンを明確にする

1）農業経営イメージの点検

　農業を始めようと決め、相談窓口や新・農業人フェアなどの各種相談会を通じて就農に関する情報を集めたら、最初に描いていた農業（経営）のイメージをもう一度点検しましょう。そのなかで、これから就農に向けて準備する必要のある課題を整理していきます。

　農業（経営）のイメージを点検する視点として主に次の三つがあります。

（1）経営作目

　耕種農業をやりたいのか、畜産をやりたいのかを決めましょう。
［耕種農業］米、麦、野菜、花き、果樹など
［畜産］酪農、肉用牛経営、養豚、養鶏など

（2）経営タイプ

　一つの作物を専門に行う単一経営（専作経営）か、他の作目を組み合わせて行う複合経営か、検討しましょう。

（3）栽培の方法

［肥料・農薬の使用の有無］化学肥料や農薬を使った通常栽培（慣行栽培）、減農薬・減化学肥料栽培、有機栽培　など
［施設利用の有無］温室を使った施設栽培、畑での露地栽培など

2）就農地域を選ぶ方法

　農業経営のイメージに合わせて、就農する地域を選びます。希望している経営作目の主産地では、栽培技術・生産技術の指導体制や生産物の出荷・販売体制がおおむね整備されているので、新規就農しやすいというメリットがあります。

　なお、都道府県・市町村によって、新規就農者に対する受け入れ・支援体制が異なっています。都道府県、市町村での新規就農者への支援体制に関する情報を集めて、農業を始める地域を選ぶのも一つの方法でしょう。

3）農業体験をする

　農業経験のまったくない人は「農業とはどういうものか」実際に体験してみて、「農業という職が自分にあっているかどうか」を見極めた方が良いでしょう。何をやりたいのか決まっていない場合、農業体験を受け、農業経営のイメージを具体化していきましょう。

　以下、農業体験、農業研修制度について主なものを紹介します。

（1）チャレンジ・ザ 農業体験・研修コース

　農業者を育成する専門学校「日本農業実践学園」（茨城県水戸市）で農業体験をすることができます。ここでは農作業の体験・研修を行っています。コースは、①短期農業体験コース（1日間・3日間・5日間）、②中期農業研修コース（1カ月）、③農業実践コース（3カ月）の三つがあります。

　お問い合わせ・申し込みは全国新規就農相談センター（全国農業会議所）で受け付けています。

（2）農業インターンシップ事業

　農業インターンシップは、全国の農業法人などで実際に農業の就業体験をすることができます。農作業を体験するだけでなく、住み込みでの体験により体験受入先との交流を深めることや、生活面のメリット・デメリットを体感することができます。体験期間は最短2日〜最長6週間で参加費用は原則無料です。体験期間中は傷害保険（1週間1000円程度）に農林水産省の補助事業で加入することとなっています（予算の範囲内）。ただし、現地までの交通費は自己負担です。

　お問い合わせ・申し込みは日本農業法人協会（03-6268-9500）で受け付けています。

4）五つの経営資源を確保する

　第1章でもお伝えしたとおり新規就農者は、①技術やノウハウ、②資金、③農地、④機械や施設、⑤住宅の確保——という五つの要素が必要になりますので、経営作目・経営タイプに合わせてそれらを確保する準備を始めます。

　この五つの経営資源の確保が、新規就農の際のスタート地点です。しかし、新規就農者実態調査によると、新規就農者のうち約7割の方が農地、資金の確保に苦労しています。第2章では五つの経営資源の確保方法についてそれぞれ解説していきます。

（1）技術やノウハウを習得する方法（24〜25頁）

　農業に必要な知識や経験を得るために、研修制度を活用します。

(2) 資金を確保する方法（26〜31頁）

　経営規模を明確にした上でおおまかな予算を立て、実現に向けて必要な資金を確保していきます。

(3) 農地を確保する方法（32〜39頁）

　経営作目・経営タイプにあわせてどのくらい農地が必要か検討したうえで、農地の確保を進めていきます。

(4) 機械や施設を確保する方法（40〜42頁）

　農業経営をするのに必要な農業用機械、温室などの施設の確保方法を考えます。

(5) 住宅を確保する方法（43〜46頁）

　移住を伴う場合は住宅を確保する必要があります。

2 技術やノウハウを習得する

農業研修制度の活用

　生計を立てるために、職業としての農業を営むには高い技術が求められます。また、同じ野菜を作るのでも栽培方法、野菜の品種、地域の土壌の性格によって習得すべき栽培管理技術が変わってきます。

　「なにを（作りたい作物・飼いたい家畜）」と「どこで（就農したい地域）」が決まり、「やりたい農業のイメージ」が固まったなら、その地域でその作物を作っている先進農家や農業法人、あるいは都道府県・市町村等の研修プログラムで、就農に向けた事前研修（以下「農業実践研修」）を受けましょう。

　農業実践研修の期間は、作物の〈種まき～収穫〉の1栽培サイクルが必要です。研修開始時期が栽培サイクルの途中からという場合もありますので、就農に向けた事前研修の期間は少なくとも2年程度が必要になります。

　現在は新規就農希望者の目的に応じた、多様な農業研修制度が整備されています。研修内容は机の上での学問的な内容から実際に農作業を行っていく実習までさまざまです。次に代表的な方法を紹介しますので、自身の目的にあった農業実践研修を受けましょう。

1）道府県農業大学校等の研修教育

　基礎から応用まで体系的・総合的に農業の実践的な知識や技術を学ぶためには、高校卒業者以上を対象に実践的研修教育を行っている道府県立農業大学校があります。また、民間研修教

育施設（鯉淵学園、八ヶ岳中央農業実践大学校、日本農業実践学園など）が、私学の特色を生かした農業研修教育を行っています。

2) 自治体の農業研修制度

　新規就農者の受け入れに積極的な自治体では、県や市町村単位で体験研修生の受け入れ制度、就農希望者に対する農業研修制度を実施しています。新規就農希望者を地元の市町村農業公社・研修施設・ＪＡ・先進農家などで受け入れて、農作業に一定期間従事しながら必要な知識・技術を身につけて、研修終了後には農地などを手当てして独立して営農させる仕組みです。研修期間中は、就農支援資金等を受給できたりする制度を実施している自治体などもあります。

3) 農地売買等事業による農業研修制度

　都道府県農業公社などの旧農地保有合理化法人が、新規就農希望者に農業研修の機会を与えるために、保有する農地等を一定期間貸し付け、経営基盤・生活基盤が確立したときにその農地等を売り渡していく制度です。事業の活用を希望する人は、就農予定の市町村の農業委員会または近くの都道府県農業公社などに相談してください。

3 資金を確保する

1）必要になる資金

　新たに農業を始めるときに用意しなければならない資金は、大きく分けると営農資金と生活資金があります。

　そのうち、営農資金は主に二つの資本を準備するのに必要です。

（1）固定資本

　　トラクターなどの農業用機械

　　温室、畜舎といった施設　など

（2）流動資本

　　種苗・肥料・農薬など生産資材の代金

　　機械・施設などのリース料

　　労働力を雇い入れたときの雇用賃金　など

　また、農業は資本の回転率が低いため、現金収入・所得が得られるまでの生活資金を用意しておく必要があります。酪農や採卵養鶏など年間を通して収入がある部門は別ですが、作物の栽培などの部門は、種をまいたり苗を植えたりしてから栽培管理してその収穫物を販売して収入を得るまで期間がかかります。

　農業経営が成り立つまでに3〜5年以上かかる場合も多く、現金収入が入るようになるまで余裕をもった生活資金を用意しておきましょう。

なお、販売収入から必要経費（種苗代・資材費など流動資本部分の経費と、機械・施設の減価償却費）を差し引いた残りが所得になりますので、経費を抑えることも重要です。

　営農資金でも生活資金でも、就農後の数年間は予想外の出費があります。余裕のある資金計画を立てておきましょう。

2）就農1年目の営農資金

　経営する作目によって営農資金の額は異なります。特に就農1年目は農業を始める際の初期投資が必要です。例えば、機械・農機具などの購入費用、温室や畜舎などの施設の建設費用、畜産の場合は家畜の購入費用、果樹などでは苗木の購入費用などがかかります。その他、種苗代、肥料代、農薬代などの購入費用が必要になります。

　就農1・2年目の営農費用は機械施設等の資金が平均628万円、必要経費が202万円、営農費用の合計830万円に対して、用意した自己資金は291万円で資金不足額は540万円でした（表3）。

　作目別にみると、酪農が最も多く、営農費用合計が3903万円です。酪農経営を始めるためには牛舎や搾乳施設のほか、もと牛を購入しなければなりません。

　花き・花木は、温室ハウスなど施設建設費、加温用の暖房機など施設関連経費、種苗代など営農費用が高くなる傾向にあります。施設野菜も同様に施設建設費や関連経費など初期投資額が大きいです。一方、露地野菜および果樹は営農費用が比較的少ないことがわかります。

表3　就農1年目の費用と自己資金（平均）

単位：万円

		営農面					生活面 自己資金	就農1年目 農産物 売上高
		機械施設等 A	必要経費 B	費用合計 A＋B	自己資金 C	差額 C−(A+B)		
集計対象全体		561	194	755	281	-474	170	343
就農後経過年数	1・2年目	628	202	830	291	-540	180	280
	3・4年目	598	209	806	303	-503	165	346
	5年目以上	509	192	701	264	-436	169	379
就農時年齢	29歳以下	488	204	692	207	-485	100	326
	30〜39歳	591	203	794	251	-543	162	378
	40〜49歳	571	198	769	300	-469	198	329
	50〜59歳	500	153	653	528	-126	310	247
	60歳以上	422	80	502	558	56	136	73
現在の販売金額第1位の作目	水稲・麦・雑穀類・豆類	363	126	489	302	-187	127	196
	露地野菜	303	128	431	238	-193	151	227
	施設野菜	884	252	1,136	321	-815	186	480
	花き・花木	594	187	781	275	-506	127	289
	果樹	300	119	419	247	-171	202	195
	その他耕種作目	411	225	636	302	-334	147	314
	酪農	2,811	1,091	3,903	581	-3,322	216	2,359
	その他畜産	815	499	1,314	270	-1,044	115	590
	その他	446	252	698	322	-376	179	308

出典：新規就農者実態調査

3）就農支援措置を利用する

　新規参入者が実際に就農する際に苦労しているのが資金の確保です。営農資金はできる限り自己資金を活用することが望ましいのですが、公的な融資制度を活用することも一つの方法です。

　法令や条例等に基づき、国や地方公共団体が金融機関と協力して、政策に合う経営を行う農家等に対して、低利または無利子で融資する「制度資金」があります。制度資金は一般の資金に比べ、低利で長期返済ができ、使い道によってはさまざまな

資金があります。主な制度資金は表4のとおりです。

　例えば、青年等就農資金は、新たに就農しようとする青年（原則18歳以上45歳未満）、知識・技能を有する者（65歳未満まで）を対象にして、就農のために必要な資金を無利子、実質無担保、無保証人で貸し付けるものです。農業近代化資金は償還が短期ですが、手続きが比較的簡単で、農地の取得以外であれば農業用施設全般に使うことができます。

表4　認定新規就農者を対象とした主な資金の種類と融資条件

	融資限度額	貸付利率	融資対象	返還期間
青年等就農資金	3700万円	無利子	施設・農機具資金 農地借地資金	原則17年以内 うち据置期間5年以内
農業近代化資金	個人：1800万円 法人：2億円	0.50%	施設・農機具資金 長期運転資金	原則17年以内 うち据置期間5年以内
経営体育成強化資金	個人：1億5000万円 法人：5億円	0.50%	農地等取得資金 施設・農機具資金 長期運転資金	原則25年以内 うち据置期間3年以内

　いずれにしても、制度資金を活用する場合、自らの農業経営に関する目標や必要となる施設・機械等についてまとめた「青年等就農計画」が市町村から認められれば、重点的な支援を受けられます（図6）。また、自治体によっては、利子補給など独自の支援措置をとっているところもあります。詳しくは、都道府県の新規就農相談窓口、都道府県・市町村の農政所管課、農業委員会、普及指導センター等に問い合わせてください。

　実際に就農すると不意の出費も多いので、自己資金を中心にした余裕のある資金計画を練っておきましょう。

図6　青年等就農計画の認定の流れ

①青年等就農計画を作成し、
市町村へ提出

②市町村が基本構想に照らして
同計画を審査

③市町村から当該計画申請者へ
認定を通知

④認定新規就農者となる
（市町村、都道府県等関係機関により、
計画達成をフォローアップ）

出典：就農案内読本 2022

図7 青年等就農資金の申請の流れ

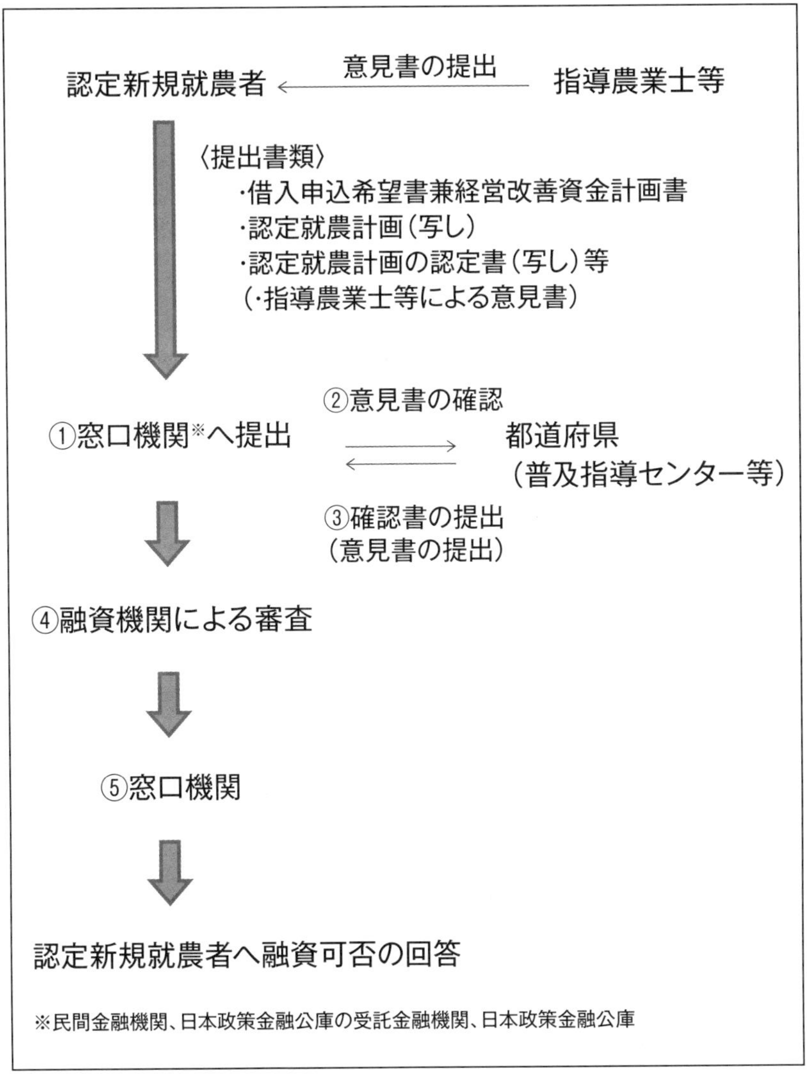

認定新規就農者 ←———意見書の提出———— 指導農業士等

〈提出書類〉
・借入申込希望書兼経営改善資金計画書
・認定就農計画（写し）
・認定就農計画の認定書（写し）等
（・指導農業士等による意見書）

②意見書の確認

①窓口機関※へ提出 ————→ 都道府県
←———— （普及指導センター等）

③確認書の提出
（意見書の提出）

④融資機関による審査

⑤窓口機関

認定新規就農者へ融資可否の回答

※民間金融機関、日本政策金融公庫の受託金融機関、日本政策金融公庫

出典：就農案内読本 2022

4 農地を確保する方法

1）農地の取得のしかた

　農地（田や畑）は、農業経営にとって必要不可欠な生産基盤です。新たに農業経営を始めるには、生産手段である農地を手に入れる必要があります。

　しかし、農地を手に入れること（農地の取得）は、新規就農者にとって難関です。農家の兼業化による所得の増加や先祖伝来の農地への愛着などの社会的な背景もあり、農地の売買や貸借の情報が少ないのが実態です。

　農地の取得（買い入れ、借り入れ）の際には、地域の農地情報にくわしい都道府県農業会議や市町村農業委員会等に問い合わせて、十分に情報を集めるとよいでしょう。また、「eMAFF農地ナビ」（図8）では、農地の貸借や売買の情報が掲載されており、どこにどのような農地があるかが確認できます。

図8　eMAFF農地ナビ

［URL］https://map.maff.go.jp

農地を取得するには、自分がめざしている経営作目や家族が望んでいる生活条件などを考えて、農業を始める候補地をいくつか選んで、そのなかで必要とする農地面積や生産条件（日照、土壌、水利条件など）を十分に検討します。

　農地を借り入れる場合は、その農地の借入料（借地料）の水準、買い入れる場合は、農地価格の水準を十分に検討したうえで選びましょう。北海道の場合は55％、都府県の場合は88％の就農者が農地を借り入れています（図9）。農地を購入すると経営基盤を安定させることはできますが、購入代金を支払うことで相当の額の資金を使ってしまうことになります。資金の十分でない新規参入就農者は、農地を賃貸で確保する方がよいでしょう。

　なお、農地を取得する（購入・借入）際には、農地の所在地の市町村農業委員会の許可等が必要になります。詳しい手続きについては後述します。

図9　就農1年目の農地の借入面積の割合

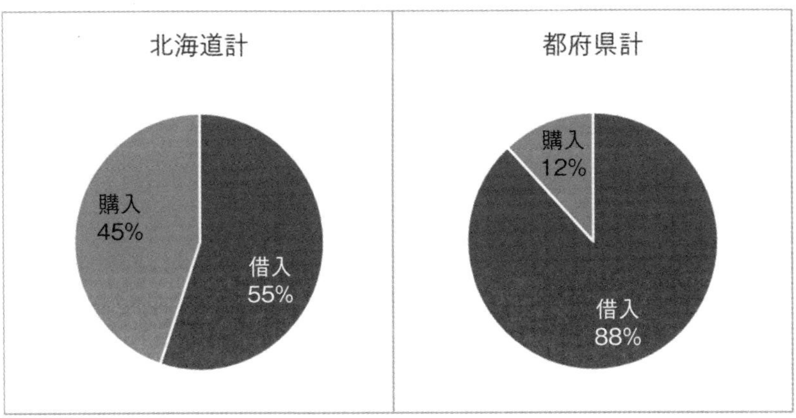

北海道計

都府県計

購入
45%

借入
55%

購入
12%

借入
88%

出典：新規就農者実態調査

2）農業経営に必要な農地面積

　農業経営が成り立っていくために必要な農地面積は、経営作目によって異なります。水稲作など土地利用型作物には広い面積の水田が必要です。また、北海道などの酪農経営では、広い面積の牧草地などが必要になります。

　実際、土地利用型作物である水稲・麦・雑穀類・豆類の場合、新規参入就農者は経営面積を平均268.8a確保しており、そのうちの83.6％を借り入れています。さらに、酪農の場合は経営農地面積を平均3927a確保しています。一方、労働集約型の野菜や花き栽培では、比較的小面積の農地で農業を開始することができます。露地野菜では平均86.2a（借入割合97.4％）、施設野菜では平均58.6a（借入割合84.5％）の経営農地面積を確保して経営をしています（表5）。

表5　現在の販売金額第1位の作目における農地の経営面積、借入面積
　　　（就農1年目の平均値）

単位：a、%

	経営面積	借入面積	借入割合
水稲・麦・雑穀類・豆類	268.8	224.8	83.6
露地野菜	86.2	84.0	97.4
施設野菜	58.6	49.5	84.5
花き・花木	49.9	44.0	88.1
果樹	82.8	74.7	90.3
その他耕種作目	158.2	93.7	59.2
酪農	3927.0	1913.6	48.7
その他畜産	484.7	231.8	47.8
その他	136.8	120.4	88.0

出典：新規就農者実態調査

3）農地を取得するときの法律上の手続き
（1）農地法第3条による許可手続き
　農地を購入や貸借をするときには、原則として農地法第3条にもとづく許可が必要になります。水田や畑、果樹園などの農地を耕作目的で売買、貸借するときには、所在地の市町村の農業委員会による許可を得る必要があります。

　この許可を受けないと、当事者間の契約で代金を支払っても、農地の売買や貸借の法律上の効力が生じません。したがって農業委員会等の許可を得ないで農地を売買した場合は、所有権の移転登記ができず、買い入れた人の名義になりません。

（2）農地法第3条の許可要件
　農地法の許可制度は農地が意欲ある農業経営者によって効率的に利用されることを目的に行われています。農地法の許可を得るには次の要件を満たす必要があります。

① 　農地を取得する者（またはその世帯員＊）が、取得する農地と現在所有する農地のすべてを耕作すると認められること（全部効率利用要件）。
　その農地を継続して利用して、耕作を続けていく意欲と能力があると認められることが必要です。農業技術や機械・施設の装備、農地を取得してどんな農業をするのか（営農計画）などを問われることになります。

② 　農地を取得する者（またはその世帯員）が、必要な農作業に常時従事すると認められること（農作業常時従事要件）。
　原則年間150日以上従事することが求められます。

③　周辺の農地利用に悪影響を与えないこと（地域との調和要件）。

　農業は周辺の自然環境などの影響を受けやすく、地域や集落で一体となって取り組まれれているため、地域における農地の利用に支障をきたす場合は許可を得られません。例えば、有機農業の栽培地域で農薬を使うことや地域の農業者が一体となって行っている水利調整に参加しないなどの場合が該当します。

　なお、既設の畜舎（牛舎、豚舎、鶏舎など）や山林を買い入れたり借り入れたりする場合は、畜舎用地や山林は「農地」ではありませんので、農地法の許可は必要ありません。ただし、農地法以外の法令により制限がある場合があります。

＊世帯員：住所および生計を一にする親族です。農地法第3条の場合は世帯員を含めて許可要件について審査されます。

図10　農地法第3条許可の流れ

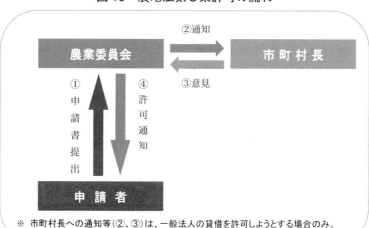

②通知

農業委員会　　　　市町村長

③意見

①申請書提出　④許可通知

申請者

※　市町村長への通知等（②、③）は、一般法人の貸借を許可しようとする場合のみ。

（3）農地法第3条の許可申請に必要な書類

　農地法第3条の許可の申請は農地の買い手と売り手もしくは貸し手と借り手の連名で市町村農業委員会において行います。

　農業委員会は、許可するかどうかについて前述した許可要件に基づき審査して判断します。許可申請書の様式や添付が必要な書類などは、市町村によって異なります。営農計画書の提出を求められますので、技術やノウハウおよび資金を確保しつつ営農計画書を準備していきましょう。

　許可申請書のほかに、申請者の印鑑証明、農地の公図の写し・案内図、土地登記簿謄本などが必要です。農地の受け手（買い手・借り手）がその農地での耕作を続けていく意欲と能力があるかどうかを確認する書類として、市町村農業委員会によっては誓約書などの提出を求めています。

４）農地中間管理事業（農用地利用集積等促進計画）

　農地法第3条の他に農地中間管理機構（都道府県知事に指定された都道府県農業公社など）が農地中間管理事業によって農用地利用集積等促進計画を定めることで農地を取得する方法があります。農地中間管理機構は、地域において目指すべき将来の農地利用の姿を明確化した「地域計画」を市町村が作成する際に、農地の借り受けを希望する人の情報や意向を市町村の求めに応じて提供することになっています。

　新規就農相談窓口となっている都道府県農業公社もありますので、就農相談の際に農地中間管理事業について合わせて聞くのも一つの手法でしょう。

5）農地の探し方、選び方

　農地の探し方のポイントは、農地情報の集まっている市町村農業委員会や都道府県農業会議に相談することです。相談のなかで人柄を知ってもらい、農地の借り手・買い手として適格なことを認めてもらい、情報を得て、貸借・売買のあっせんをしてもらいます。

　また、就農希望先の市町村を訪ねて、農地のある現地をいくつか見てみましょう。農地を選ぶときの注意点は下記のとおりです。

（1）土地の形状や面積がどうなっているか

　土地の形状や面積は、現地で見るのと公図や土地台帳とでは多少違っている場合があります。

（2）希望する経営からみて必要とする面積があるか

　野菜栽培経営などでは比較的小面積の農地（畑）で十分です。施設野菜では10a（1000㎡）程度が必要最小限の目安です。

（3）土地の条件が良いか

　アクセス面では農道が整備されているか、砂質か粘土質か、水利条件は良いか悪いかなどを確認します。

（4）農地の価格水準、借地料の水準

　農地の価格は、耕作目的の売買価格と住宅用地などに転用する場合の使用目的変更の売買価格とでは水準が大きく異なります。耕作目的の売買価格でも、地目が田と畑、樹園地とでは異なります。もちろん、転用目的の価格の影響を受ける都市近郊と純農村地帯とでは、耕作目的の農地価格も水準が違ってきます（表6）。

　農地の借地料（小作料）は、年間の額を支払います。地目

が田か畑かでは借地料の水準が違ってきます。また、同じ畑でも、どんな作物を作るのかによって、借地料の水準が異なります。

　市町村農業委員会が、賃借料情報として賃借料の平均額などを公表していますので、その農地の借地料がどのくらいかについては農業委員会に聞いてください。

　農地は、農業生産活動を通じて維持保全されます。取得した農地は、農地としての利用を続けながら、大事に使ってください。

表6　田畑売買価格等に関する調査結果（令和3年版）

単位・価格…千円／10a

	水田の平均価格	畑の平均価格
全　　国	1,112	825
北海道	243	115
東　　北	519	309
関　　東	1,390	1,529
東　　海	2,209	2,010
北　　信	1,310	899
近　　畿	1,886	1,351
中　　国	678	405
四　　国	1,680	933
九　　州	801	557
沖　　縄	868	1,255

5 機械・施設を確保する方法

1）農業機械・施設の購入費用

　現代の農業は施設化、機械化が進んでいます。新規に農業を始める場合、すべての機械装備を一度にそろえようとすると、多くの資金が必要になります（表7）。水稲作の場合、機械装備一式で少なく見積もっても数百～数千万円は必要になりま

表7　農業経営体が購入する農業生産資材を販売する小売店等で実際に販売される農業機械等の平常の価格

（単位：円）

刈払機（草刈機）	肩かけ、エンジン付、1.5PS程度	66,960
動力田植機（4条植え）	土付苗用（乗用型）	1,264,000
動力田植機（6条植え）	土付苗用（乗用型）	3,485,000
動力噴霧機	2.0～3.5PS（可搬型）	186,500
動力耕うん機	駆動けん引兼用型（5～7PS）	562,300
乗用型トラクタ（15PS内外）	水冷型	1,662,000
乗用型トラクタ（25PS内外）	水冷型	2,787,000
乗用型トラクタ（35PS内外）	水冷型	4,740,000
乗用型トラクタ（70PS内外）	水冷型	8,277,000
トレーラー（積載量500kg程度）	定置式	450,200
自走式運搬車	クローラー式、歩行型、500kg	586,000
バインダー（2条刈り）		621,000
コンバイン（2条刈り）	自脱型	2,683,000
コンバイン（4条刈り）	自脱型	7,436,000
動力脱穀機	自走式、こき胴幅40～50cm	752,600
動力もみすり機	ロール型、全自動30型	660,300
通風乾燥機（16石型）	立型循環式	1,149,000
通風乾燥機（32石型）	立型循環式	2,021,000
温風式暖房機	毎時75,000Kcal、1,000㎡、重油焚き	991,800
ロータリー	乗用トラクター20～30PS、作業幅150cm	449,700

出典：農業物価統計調査

す。畜産の場合は、畜舎の建設のほか、素畜の導入などに費用
がかかります。施設野菜・施設花き栽培では、温室ハウスの建
設に相当の投資が必要です。

　前述したように、新規参入者の就農１年目の営農費用合計は
平均830万円ですが、そのうち機械施設資金は628万円（76％相
当）を占めています（28頁、表３）。当初は必要とされる農機
具や施設など最小限の装備と経営規模でスタートする方が賢明
です。経営が軌道に乗りはじめてから、徐々に機械装備を充実
させていくほうが良いでしょう。

２）機械装備費などの節約

　農業経営に必要な農業用機械・施設などは、中古品を買うな
どしてできる限り節約することです。また、リースや借り受け
などで対応するのも負担を軽減する方法のひとつです。

　ただし、乗用田植機などの複雑な機械は、中古品では故障が
多くなり修理費がかさむ場合があるので注意しましょう。

　野菜・花きの施設栽培では、ビニール温室などの建設費が必
要になります。加温して栽培する場合には、暖房機が必要です。
温室などにも中古品があります。温室などの施設を土地ごとに
借りる方法もあります。就農先の地域で相談するとよいでしょ
う。

　離農した農家などの農機具や施設を、農地や住宅とセットで
一括して買い取ったり、借りたりするのも一つの方法です。こ
の方法だと、すべてを新しくそろえるより費用を抑えて農機具
や施設を手に入れることができます。

　農業用の機械は、農作業の労働を軽減してくれます。特に肩
掛け式の刈り払い機（草刈り機）は便利です。露地野菜栽培で

は、小型のトラクターや管理機、運搬機などが活躍します。野菜の市場出荷、直売所への運搬などには、軽トラックが重宝します。

　農業経営には、収穫物を出荷するために調製・梱包のための作業場があると便利です。出荷前の収穫物を保管しておくことや、生産資材置き場・農機具置き場にも使えます。

　住宅の事情などで作業場が作れないときは、ビニール温室の一角を作業場・兼資材置き場として利用してもよいでしょう。

　どうしても営農費用が不足するときは、資金を借り入れることになります。

　国が利子補給してくれる低利資金としては、農業近代化資金があります。近代化資金は、農業用機械・施設の購入資金にあてることができます。

　とはいえ、資金の借り入れは借金です。返済しなければなりません。必要とされる農機具・施設など最小限の装備で、あまり大きくない経営規模でスタートすることが、新規就農を成功させる秘訣です。

6 / 住宅を確保する方法

1）住宅を確保する

　移住を伴う場合は就農希望地に住まいを移して生活することになります。農作物の栽培は、天候などの自然条件に左右されます。適切な栽培管理をするためには、できるだけ住宅の近くに経営農地があることが望ましいです。

　新規就農者に対する地方自治体の受け入れ・支援体制は、近年、整備されてきています。新規就農者を積極的に受け入れている市町村では、農地の確保とあわせて住宅の確保でも支援している例もあります。

　新規就農者実態調査によると、「住宅（一戸建て）を借りた」が25％で最も多いです。次に「実家」に住んだ人が22％であり、実家のある地域での就農が顕著になってきているようです（図11）。

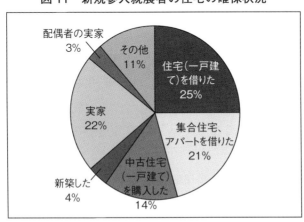

図11　新規参入就農者の住宅の確保状況

出典：新規就農者実態調査

43

　農村に移住することは、農村地域社会の一員になることです。就農希望地が決まったら、現地を訪ねる機会を多くつくり、その地域の風土に慣れ地域に溶け込んでいく努力をすることが大切です。就農前の研修制度を活用し、その研修期間のうちから地域の行事などに参加して、地域社会に溶け込むようにしましょう。そうしたことの積み重ねが、住宅や農地の確保をスムーズにするはずです。

2）住宅を新築する場合

　就農後の将来、住宅を建設することも考えられます。農地などに住宅を建設する場合、農地法やその他の法令によって規制があります。ここでは特に注意が必要な事項について説明します。

　農地に住宅を建てる場合は、農地法第4条、第5条にもとづいて都道府県知事の許可を受ける必要があります。

　住宅用地に転用するために農地または採草放牧地を買ったり、借りたりするときは、転用しようとする人は、農地所有者と連名で、農地の所在する市町村の農業委員会を経由して都道府県知事に転用許可申請書を提出して、許可を受けます。この許可を受けないで行った売買や貸借は法律上の効力が生じません。また、許可を受けない農地の無断転用は罰せられます。

　自分が所有している農地を住宅用地など農地以外に転用する場合も、同じように都道府県知事の許可を受ける必要があります。

　農地法は、優良な農地を守り、農地が効率的に利用されるように、耕作目的の権利移動（売買、貸借）について農業委員会等の許可を受けることが必要としています。また、農地法は、

住宅・工場などが無秩序に建設されて農業環境が悪化することを防ぎ、農業上の土地利用が合理的に行われるように、農地を農地以外に転用すること、農地転用のための権利移動（売買、貸借）について都道府県知事の許可を受けることを必要としているのです。

　また、都市計画法の市街化調整区域内の土地、農業振興地域内にある農用地区域内での住宅の建設などの開発は原則、禁止されています。

　住宅を新築するときは、以上のような事柄に十分注意しておこなうようにしてください。

3）住宅の探し方、選び方

　新規就農者の場合、就農希望先の市町村役場や農協（ＪＡ）などを通じて、就農地での住宅を紹介してもらえることがあります。市町村によっては、就農前の農業研修期間中は住宅手当て等によって住宅の確保を支援しているところもあります。また、市町村の就農受け入れ・支援情報は、都道府県の新規就農相談窓口で情報を持っている場合もありますので、就農候補地が決まった時に情報を収集するとよいでしょう。

　いずれの場合も、必ず現地を訪ねて実際の状況を確かめ、十分に検討したうえで売買や貸借の契約を慎重に行う必要があります。家族で移り住む場合、家族でいっしょに現地を訪ねて、家族の意見を聞きながら検討することが大切です。

　新規就農者にとって、住居探しは生活の拠点探しでもあります。その場合、「農業経営に適した住まい」であることを念頭においておく必要があります。

　農業経営をするにあたって、野菜・果物など農産物の出荷作

業をする作業場や、農機具や生産資材などの置き場が必要です。農家の住宅には土間などがあって、農産物の出荷作業をする場所や農機具置き場が確保されています。新規就農者が農家の空き家を借りたり買ったりする例が多いのはそのためです。公営や民間の賃貸住宅などで作業場や農機具・資材置き場が確保できない場合は、プレハブを建設したり、ビニールハウスの一角を利用したりする工夫が必要です。

　いずれにしても、これから長く農業生活の拠点とする住居ですから、慎重に注意深く探すことが大切です。

　また、農家の空き家を利用する場合、築年数によっては修繕費用も多額になることがあります。購入する場合は特に注意する必要があります。

第3章

どこで、どんな農業をするか

1 経営作目の選び方

どこで、どんな農業をするか

　農業の所得で生活を成り立たせるためには、「どのような経営作目で、どのくらいの経営規模（面積など）で、どんな経営方法で農業をしていくか」という農業経営計画をしっかり立てることが大切です。

　ここでは、新規就農者の希望が多い経営作目について、経営を考える場合の目安と特性を紹介します。

1）経営作目の選び方
耕種農業か畜産かという選択

　一口に「農業」といっても、いろいろな作物・作目があり、地域によってさまざまな栽培方法や家畜の飼い方があります。

　まず、農業は大きく耕種農業と畜産とに分けられます。

　耕種農業は、その言葉のとおり、田畑を耕して、種をまいたり苗を植えたりして植物を育てる農業です。耕種農業には、米・麦作、豆類、いも類、野菜類、花き、果樹などがあります。

　畜産は家畜を育てる農業です。酪農、肉用牛、養豚、養鶏（卵を生産する採卵養鶏と鶏肉を生産するブロイラー養鶏）などがあります。肉用牛や養豚では、子牛・子豚を生産する繁殖経営と食肉を生産する肥育経営がありますが、最近は繁殖から肥育までの一貫経営が多くなっています。

　農業経営の柱になる作目を選ぶときは耕種農業か畜産かを選択することになります。その上で、どの作物を栽培するのか、どの家畜を飼うのか、という選択があるのです。

経営作目を選ぶ場合の注意点

　耕種農業では、作物の収穫時期が限られているため、原則的には収穫の一定期間しか収入を得られません。したがって、耕種農業を選ぶ場合は、冬季期間の収入をあてにしなくてもよい規模（面積）の農業経営をめざすか、冬期間も生産ができて収入が得られるような施設栽培をするかなど、作目の組み合わせを考える必要があります。

　また、その作目が好きだからということも選択の一つですが、ほうれん草などの葉物を年内に数回も収穫する、あるいは栽培技術の習得が比較的容易な作目ということも選択肢として考えられます。

２）単一経営か複合経営か

単一か複合かという選択

　作物・作目の経営方法は主に三つあります。

（１）単一経営（専作経営）

　ひとつの作物・作目を専門に経営をします。

（２）準単一経営

　中心になる作物・作目をひとつ決め、他の作物・作目を加えていく経営方法です。

（３）複合経営

　例えば、露地野菜と果樹など複数の作目を組み合わせた経営方法です。

（4）多角経営

　農業生産だけではなく、生産した農畜産物の食品加工や販売事業、観光農園や農家レストラン、農家民宿などもあわせて行う経営方法です。

　単一経営（専作経営）か、準単一経営か、あるいは複合経営か選択を検討する際は、技術面、販売面、経営面などのメリット、デメリットを十分検討することが大切です。

単一経営（専作経営）のメリット、デメリット

　経営作目をひとつに決めると、農業技術が習得しやすく販売が容易になります。また、経営規模の拡大・大量生産によって生産コストを下げるというメリットもあります。施設栽培や畜産では品種や畜種ごとに技術が違い、機械施設の装備も専用のものが多く、単一経営（専作経営）になる傾向にあります。

　しかし、経営作目がひとつだと、気象条件が悪いときなどは自然災害や病害虫の被害が大きくなり、収穫量や販売価格が影響を受けやすくなるので経営面でリスクがあります。

複合経営のメリット、デメリット

　複数の作目を組み合わせた複合経営では、販売面や経営面のリスクを自然災害や病害虫被害などから分散できます。販売面や経営面のリスクを回避するという考え方から、最近は複数の作目を組み合わせて複合経営を行う例が増えています。

　例えば、野菜専門の経営でも、ひとつの品種の野菜を大量に生産する場合と、複数の品種の野菜の少量多品目生産の場合ではリスクの分散度合いが異なります。また、有機農業では、野菜の少量多品目生産と自然養鶏などの小規模な畜産とを組み合

わせた有畜複合経営を行う例もあります。

　しかし、経営作目が複数の複合経営では、それぞれの品種・作目ごとに栽培技術を習得しなければなりません。

多角経営のメリット、デメリット

　多角経営は収入源が多角化して、付加価値をつけて販売できることです。一方、初期投資額が大きくなり、経営リスクを抱えることが多いです。

　多角経営には農業者（１次産業）が、農畜産物の生産だけでなく、製造・加工（２次産業）やサービス業・販売（３次産業）にも取り組むことで、生産物の価値をさらに高め、農業所得の向上を目指す「６次産業化」という取り組みがあります。

　営農技術等の乏しい新規就農者が最初から多角経営に取り組むと、失敗した時に取り返しのつかないことがありますので、営農基盤を確立してから多角経営（６次産業化）に取り組むことが賢明です。

３）経営技術・農業技術の学び方
露地栽培か施設栽培か

　野菜や花きなどの栽培には、農地（畑）の上でそのままの自然条件で行う露地栽培と、ビニール温室など施設の中で行う施設栽培があります。

　施設栽培には暖房する加温栽培と暖房しない無加温栽培があります。また、土を使って栽培する土耕栽培と、土の代わりに礫石などを使う礫耕栽培、肥料や農薬などを水溶液にして使う水耕栽培（養液栽培）があります。特に加温の施設栽培には温室など施設建設等への初期投資額がかかります。さらに、暖房

費などの経営費用や水耕栽培（養液栽培）には大がかりな施設建設などが必要な場合もあり、投入資金量や家族労働力の状態などを十分検討して、栽培方法を選択する必要があります。

慣行農業か有機農業か

　化学肥料・化学合成農薬を使って通常行われている農業が慣行農業（通常農業）です。一方、慣行農業に対する言葉として有機農業があります。有機農業は「化学的に合成された肥料及び農薬を使用しないこと並びに遺伝子組換え技術を利用しないことを基本として、農業生産に由来する環境への負荷をできる限り低減した農業生産の方法を用いて行われる農業をいう。」と法律で定義されています。

　市場販売するときに「有機農産物」と表示できる農産物は、日本農林規格（ＪＡＳ）で、「3年以上、化学合成農薬と化学肥料をまったく使わない圃場（田畑）で栽培された農産物」と定められています。「有機農産物」と表示するときは、第三者機関の認証を受けなければいけません。違反すると罰則があります。

　減農薬・減化学肥料農業は、慣行農業（通常農業）に比べて化学合成農薬と化学肥料の使用量を5割以上削減している等の農業です。化学合成農薬の使用量は成分数、化学肥料の使用量は含有チッ素成分量で測定しますが、地域ごと、作物ごとに異なっています。

　その他、農薬や肥料を使用せず、自然に近い環境の中でそれぞれの作物が持つ生命力に委ねて栽培を促すという自然栽培（自然農法）があり、これには不耕起、雑草利用などいくつかの農法がありますが、定義は定まっていません。

2 / 経営計画のたて方

1）農業経営のイメージを描く

　まず、農業を「経営」としてイメージしていくことが大切です。農業経営という観点から、経営作目、経営タイプ、栽培・飼養方法が決まったら、経営計画を立てていくことになります。

　その場合、経営作目と経営農地面積、家族労働力、用意できる資金量によって、計画も変わってきます。

　借り入れ、買い入れによって手に入れられる土地（農地など）の面積がどれくらいになるかによって、経営作目や経営タイプを検討し、土地利用型作物にするか、労働集約型作物にするか検討します。

　土地利用型作物は、米麦などの穀物類、大豆などの豆類、ジャガイモやサツマイモといったいも類などです。この作物は、農作業が機械化されていて、面積当たりの作業労働時間が少ないため、経営農地面積が大きいほど生産コストが安くなります。よって、広い面積の農地を借り入れたり買い入れたりすることが必要です。

　労働集約型作物は、野菜類、果物類、花き類などです。栽培管理に手間がかかるために、面積当たりの作業労働時間が多くなります。その代わりに、面積当たりの農業所得が多くなりますので、経営農地面積はそれほど広くなくてもかまいません。家族をはじめとする労働力がどの程度あるかによって、労働集約型作物の経営ができるかどうか決まってきます。労働力の人数が多ければ、経営規模を大きくすることもできます。

　野菜や花きでは、露地栽培にするか施設栽培にするかという

選択があります。施設栽培は露地栽培に比べてさらに労働集約的です。施設栽培はトマトやキュウリなどの果菜類、イチゴやメロンなどの果実的野菜、ホウレンソウやコマツナなどの葉茎菜類で行われています。ビニール温室など施設の建設などの初期投資や、加温のための燃料代など経営コストがかかりますが、面積当たりの農業所得は増え、小さな経営農地面積でも経営の成り立つ可能性が高くなります。

　ビニール温室を建設するための資金があるか、また、その資金を借りることができるかどうかによって、施設栽培を選択するか検討することになります。

　経営作目・経営タイプの選択は、①取得できる土地（農地など）の面積がどのくらいか、②労働力の人数がどれくらいか、③用意できる資金量、または借りることのできる資金量がどれくらいか――に応じて決まってくるのです。

畜産経営の収益性

　畜産は、酪農、肉用牛の繁殖・肥育経営、養豚経営、採卵養鶏、ブロイラー養鶏が主な経営部門です。乳用牛・肉用牛・豚・鶏といった畜種ごとに飼養管理技術が異なっていますので、少頭数でもできる肉用牛繁殖経営や自然養鶏を除き、ほとんどが単一経営（専作経営）です。

　また、かなりの面積の牧草地をもっている北海道の酪農を除くと、畜産経営は、購入飼料に依存する施設型農業です。

　生き物を飼うため、1年中飼養管理労働を欠かすことができない労働集約型でもあります。

　畜舎・施設の建設、素になる牛・豚・鶏の購入費用などの初

期投資額が相当必要です。また、飼料代など経営コストもかかります。

酪農や採卵養鶏は、1年を通して生産ができるので、年間を通して収入があります。農業粗収益は大きいのですが、その分、経営コストも多くなります。飼養管理労働が毎日あるために、労働時間も多くなります。

自己資金や借入金といった用意できる資金量と、家族など労働力の人数を考えながら、飼養頭羽数規模など経営規模を決めていく必要があります。

畜産経営の場合、初期投資額が大きくなるため、借入金を計画的に返済していくための資金計画を立てる必要があります。

2）生産計画・販売計画・資金計画

経営計画は生産計画・販売計画・資金計画の三本柱で成り立ちます。相互に関連するため経営農地の面積、家族などの労働力の人数に応じて、無理のないように計画をたてることが大切です。

農業所得で生活を成り立たせるためには、どれくらいの経営規模・農地面積が必要か、その経営規模・農地面積は、どの程度の労働力の人数で経営していけるか、などを点検しながら計画を立てていきましょう。

参考までに農林水産省「営農類型別経営統計」（図12）によると、営農類型別の農業所得が最も高かったのは養豚経営で2484.3万円、次いで採卵養鶏経営で1180.9万円、酪農経営で774.4万円の順となっています。また、都道府県によっては10a当たりの収益性を示した「農業経営指標」を公表しているところがありますので、就農希望地が決まっていたら大まかな収益

性を確認しておきましょう。ただし、新規就農者が経営を成り
立たせるまでには３〜５年かかるのが普通です。新規就農者の
場合は、表に書かれている農業所得について、段階に応じて割
り引いて計画することがポイントです。

　野菜などの場合、種をまいて（播種）苗をつくり、その苗を
植える（定植）、その後、栽培管理をして、収穫するまでの作付
け体系を、次の事例に示したように図に描いていくとわかりや
すくなります（図13、14）。複合経営する場合は特に重要になり
ます。労働時間も加えて計画を立てるとなお良いでしょう。

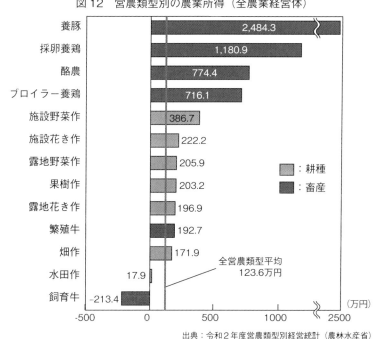

図12　営農類型別の農業所得（全農業経営体）

出典：令和２年度営農類型別経営統計（農林水産省）

図13　収穫するまでの作付体系（施設栽培）

施設栽培（ホウレンソウ）の場合

経営農地面積：借地 164a（ハウス 200m²×17 棟）

労働力：夫婦2人、パート2～3人

農業機械・施設：トラクター（14馬力）1台、動力噴霧器1台、軽トラッ
　　　　　　　　ク1台、温風ヒーター1台、予冷庫（1坪）1基、出荷
　　　　　　　　調整ハウス（10坪）2棟

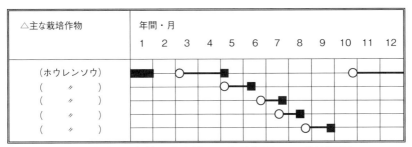

○播種　△仮植　◎定植　■収穫期間　― 栽培期間

図14　収穫するまでの作付体系（露地栽培）

露地栽培（野菜）の場合

経営農地面積：借地 120a（ナス 40a、ネギ 70a、春ブロッコリー 10a）
　　　　　　　　ほかにサニーレタス 20a（ハウス 150m²×5 棟）

　　労働力：本人と父母3人

農業機械・施設：トラクター1台、一輪管理機1台、耕うん機1台、ネギ
　　　　　　　　管理機1台、マルチャー機1台、ネギ皮むき機1台、コ
　　　　　　　　ンプレッサー1台、根切り葉切り機1台

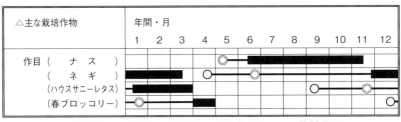

○播種　△仮植　◎定植　■収穫期間　― 栽培期間

生産計画

　生産計画は、どんな作物を、どれくらいの農地面積で、どのような栽培方法で、どれくらいの量を生産していくのかという計画です。

　作付け体系を図にしておくと、時期ごとに必要な作業もわかり、作業の計画もたてやすくなります。

　また、研修期間中や経営開始後は作業日記を記入しましょう。その日の気象、作業内容などは、二年三年とたって計画の見直しなどに重要な資料になります。

　酪農の場合、搾乳牛1頭当たりの生乳生産量（搾乳量）、1頭当たりの飼料給与量、牛舎や搾乳施設の規模、飼養頭数（経産牛、育成牛）などから計算して、生産計画をたてていきます。

販売計画

　販売計画は、生産した農産物・畜産物をどのように売るかを決めた計画です。生産計画によって生産量が計算できますから、そのうちの何割を農協や市場に出荷して販売するか、直売にどれくらいの量をまわすことができるか、等を計画していきます。

　農産物・畜産物の種類によって、販売の仕方（方法）が変わってきます。販売の方法によって、流通費用（手数料や包装など）が異なります。また、地域によって売り方の慣習がありますので、就農する地域を決めたらあらかじめどのような販売方法が主流なのか情報収集する必要があります。

　野菜や果物は季節によって価格が変わってきます。需給の状況をよくみて、また市場価格を調べて販売計画をたてていきます。農協出荷の場合と販売先市場の手数料、流通経費なども計算に入れておきましょう。

資金計画

資金計画は、農業経営のためにどれくらいの資金が必要か、経営資金と生活資金をしっかり分離して考えることが重要になります。自己資金で足りるか、足りない場合は、国の就農支援資金などを借りることができるか、また金融機関などから資金を借りることができるか、資金を借り入れた場合、どのように返済していくか、といった計画です。

農業経営資金（営農資金）は、経営作目によって必要な額が異なります。新規参入就農者が就農1年目に必要とした農業経営資金（営農資金）額は、28頁に掲載してあります。

酪農の場合は、牛舎や搾乳施設の建設費、素牛の導入費などで就農1年目に必要な経営資金が増え、施設野菜や施設花き栽培は、温室ハウスの建設費などの経費が膨らみます。水稲作（米作）は、大型の農業機械の購入費用などが多いです。

新規就農者実態調査によると、新規就農者の就農1年目の農業経営資金（営農資金）755万円のうち、機械施設資金が561万円と4分の3を占めています。農家が購入した農機具、自動車などの価格（新品）は、40頁に示したとおりです。農業機械・施設などは中古品や新古品やリースなどで対応する等して、必要な資金量を圧縮することも大切です。

資金の借り入れについては、国の青年等就農資金（無利子）をはじめとして、農業近代化資金など長期低利の制度資金があります。また、条件によっては経営開始資金等の受給を受けることも出来ますので、制度資金を上手に利用することをおすすめします（就農支援資金など国の支援資金については、29頁の表4を参照してください）。

ただし、制度資金が無利子や低利だといっても、借金に違い

　はありません。制度資金には据え置き期間もありますから、そうした優遇措置を利用して、計画的に返済していく必要があります。資金計画は、資金の借り入れ計画だけでなく、資金の返済計画まで含めた計画なのです。

3 / 作物ごとの特徴

1）稲作

稲作経営の現状は？

- 全国47都道府県で栽培されている。
- 米はほぼ100％の自給率を維持。
- 米の消費量が毎年減少する傾向にある＝備蓄を超える余剰が発生している。
- 米価が下落傾向にある。
- 過剰米対策としてコメ粉用や飼料米など、他用途に加工・栽培することによって生産調整交付金の加算措置がある。
- 米専業農家の場合、無農薬栽培等の特色を出すことによって顧客づくりと直接販売で経営確立している事例が増えている。

稲作の経営概況は？

農林水産省の令和３年農業経営統計調査「営農類型別にみた農業経営収支」によると、水田作経営（全国平均）の１経営体当たり農業粗収益は350万円、農業所得は１万円（経営費が例年より高く所得が低い）となっている（令和２年は農業粗収益345万円、農業所得18万円）。

稲作経営のポイント

- 経営面積が拡大するとコストが削減される傾向にある。スケールメリットが大きい作目。
- 田植えや稲刈りなど、いずれの作業も短い時期に集中して発

生。

●機械化体系がほかの作目と比較して進んでいる。そのため、機会の購入やリースなど一定の投資が必要となる。

稲作で新規就農する場合の現実的な対応

●地域で大規模稲作経営を営む経営体に研修・あるいは就職して技術を習得する。

●国や自治体の農業政策が直接、経営に影響することが多いため、情報収集を怠らない。

●独立する場合、まずは米以外の作物と組み合わせた小規模経営を進める（転作作物を含む）。

●地域での信用が増していくことにともない経営規模の拡大を図る。

●無農薬などの栽培を進めていく場合、経営面積の一部を活用して技術水準を高める取り組みが必要。

●直接販売を行う場合、どこで、どれくらいの価格で、どのようにして、販売していくのか、営業的観点から検討して着手する。

2）野菜

野菜作経営の現状は？

●野菜作は労働集約的作物（小面積栽培が可能）。

●作目の選択とともに栽培適地の選択が必要。

●露地栽培と施設栽培がある。

●天候によって価格変動が激しい。

●生鮮用と加工用の栽培・販売がある。

野菜作の経営概況は？

　露地野菜に比べて施設野菜が高い水準にあるのは、露地野菜が根菜類・葉茎類が中心なのに対して、施設野菜は果菜類が中心で収穫が長期間で多収だからといえる。しかも単価が高いとも考えられる。

　農林水産省の令和３年農業経営統計調査「営農類型別にみた農業経営収支」によると、露地野菜作経営（全国平均）の１経営体当たり農業粗収益は1083万円、農業所得は184万円となっている。施設野菜作経営（全国平均）の１経営体当たり農業粗収益は1739万円、農業所得は370万円となっている。

野菜作経営のポイント

●野菜作は地域を選択する＝適地での栽培。

●労働力の確保と年間収入をどの程度に設定するかで農地面積が決まる。

●公的データはプロ農家のものであり、新規就農の場合は栽培技術水準と労働力を計算して（減じて）面積を決める。

●トラクター（15馬力程度）または耕運機と軽トラックは必需。

●水道・電気のある「作業場」を確保しよう。

●施設導入はまず自己資金と補助金を確認。購入の場合の目安は10 a 当たり70〜100万円程度、レンタルなども行っている地域もある。

野菜作で新規就農する場合の現実的な対応

●研修などを活用して野菜の栽培技術を習得。

●作物の選択と地域を決める。

●地域での栽培状況などをよく観察して栽培作物の組み合わせや技術の習得・向上を目指す。

●家族労働などの労働力を確保して経営開始。

●一般的に無農薬などでの栽培は、「見栄え」が悪いため市場評価が低いことが多い。よって独自の販売ルートが必要となる。

3）果樹

果樹作経営の現状は？

●永年作物であり収穫まで年限を要する。

●気候の影響を受けやすい。

●市場流通が基本だが、高品質のものは直販が多い。

●ジュースなどの加工用途もあるが、価格が低い。

●観光果樹園などへの業態の展開も可能。

●品目ごとに栽培技術が異なるため専門的に栽培する経営が多い。

果樹作の経営概況は？

　果樹作で生計を立てるには、ある程度の面積と専門技術が必要となる。例えば、ミカンやリンゴで露地栽培を行う場合は2 ha程度は必要だ。またミカンの場合、土地条件も西南暖地で

水はけのよい所でないと品質のよいミカンは栽培できない。

　農林水産省の令和３年農業経営統計調査「営農類型別にみた農業経営収支」によると、果樹作経営（全国平均）の１経営体当たり農業粗収益は730万円、農業所得は212万円となっている。

果樹作で新規就農する場合の現実的な対応
●技術習得のための研修・実習を実施。
●全く最初からの栽培では多額の投資をともなう（収穫まで数年を要する）。
●果樹作物の栽培地域での新規就農の募集に応募することも検討。
●最初から栽培する場合、小面積での栽培で経験と技術を積み、徐々に規模拡大していくのが妥当であるが一定の資金は必要となる。

４）花き
花き作経営の現状は？
●労働集約型で多種類少量生産。
●市場流通が基本。
●価格が景気に左右されやすい。
●流行などの情報に敏感。
●施設栽培の進展により品質競争が激しい。
●安価な輸入品が増加傾向にある。
●高級品と家庭用との二極化が進展。

花き作の経営概況は？

　施設栽培が所得の上位を占めているが、安定した生産を行うための加温施設にした場合などでは10ａ当たり２千万円程度の投資となる。

　農林水産省の令和3年農業経営統計調査「営農類型別にみた農業経営収支」によると、露地花き作経営（全国平均）の１経営体当たり農業粗収益は885万円、農業所得は197万円となっている。施設花き作経営（全国平均）の１経営体当たり農業粗収益は2211万円、農業所得は422万円となっている。

花き作経営のポイント

- ●価格を左右する高品質の技術習得が必須。
- ●労働力の確保。
- ●施設導入に係る経費の準備。
- ●種類にもよるが「作業場」の確保。

花き作で新規就農する場合の現実的な対応

- ●先進農家での研修で技術や経営ノウハウを習得することが大切。
- ●花き栽培の農業法人に就職することも選択のひとつ（技術・経営の習得）。
- ●家族労働を基本として労働力を確保する。
- ●市場動向から流行のトレンドまで多角的な情報収集力を身につける。

5）酪農

●酪農を新たに始めるためには5000～8000万円以上の資金が
必要で現実的ではない。

●北海道は新規就農を積極的に受け入れており、これを活用す
ることが妥当。

●365日働ける健康な身体と気力が不可欠。

●輸入飼料の高騰が経営に直接影響する。

●観光牧場として加工製品の販売を行うところも見受けられる
ようになった。

●口蹄疫などの対策のため衛生管理が最重要課題。

酪農の経営概況は？

　酪農での新規就農の最大の課題は広大な土地の確保となる。
草地基盤に立脚した酪農は北海道では乳牛1頭当たり50a程
度、都府県では10a程度は必要だ。

　したがって、頭数にもよるが北海道では30ha程度、都府県
では6ha程度は必要だろう。

　農林水産省の令和3年農業経営統計調査「営農類型別にみた
農業経営収支」によると、酪農経営（全国平均）の1経営体当
たり農業粗収益は9108万円、農業所得は736万円となっている。

酪農で新規就農する場合の現実的な対応

●酪農ヘルパーなど、実際の酪農を体験する。

●新規就農に積極的な北海道をはじめとした自治体へ直接相
談。

●酪農に求められる技術・技能は幅広い。まずは機械操作の免

許取得など、できることから順次対応していく。

●実際の就農にあたっては労働力と面積、飼養頭数などを相談・検討することが重要。

●飼料の高騰は直接、経営に影響を与えるため常に情報収集する。

第4章

新規就農 Q & A

1 就農編

問1　どんな人が新規就農しているのでしょうか？

答1

　農業以外の産業での勤務をやめ、新たに農業の仕事を主に始めた人のことを「新規就農者」といいます。この新規就農者の中で、土地や資金などを独自に調達して新たに農業をはじめた人を「新規参入者」、農業法人などに雇用された人を「新規雇用就農者」、家族経営体の世帯員で他の仕事から自営農業への従事が主になった人（親元就農）を「新規自営農業就農者」といいます。

　令和3年度新規就農者調査（農林水産省）によると、令和3年度の新規就農者数は約5.2万人で、そのうち49歳以下は約1.8万人います。新規就農者のうち約7割に当たる約3.7万人が新規自営農業就農者です。また、農業法人等への新規雇用就農者は約1.2万人です。新規参入者数は3830人となっています。

問2　先輩の新規就農者は、どんな理由で農業をはじめたのでしょうか？

答2

　新規就農者実態調査によると「自ら経営の采配を振れるから」「農業が好きだから」「農業はやり方次第で儲かるから」といっ

た経営や自然・環境に関する理由が多いようです。また、「食べ物の品質や安全性に興味があったから」「有機農業をやりたかったから」という安全・健康志向の理由も多くなっています（3頁、表1）。

　逆に、「サラリーマンに向いていないので」「都会の生活がいやになったから」といったマイナス思考の理由では、新規就農を成功させることは難しいといえます。

問3　就農相談はどこで行っていますか？また上手な相談の仕方も教えてください。

答3

　新規就農希望者のための相談窓口には、全国新規就農相談センター（全国農業会議所内：東京都千代田区二番町）と、都道府県の新規就農相談窓口があります。その他、市町村役場、農協（JA）、農業振興公社、農業普及センターなどで就農相談を行っている場合もあります。特に都道府県では、令和4年度から「農業経営・就農支援センター」を設置し、新規就農から農業経営まで、ワンストップで相談対応しています。これらの相談窓口は、新規就農情報だけでなく農業法人の求人情報などを収集している場合もあります。

　なお、就農関連イベントの一つである「新・農業人フェア」が東京・大阪などで年複数回開かれています。このフェアには、都道府県の新規就農相談窓口のほか、新規就農希望者を受け入れている市町村や農業法人等が相談ブースを出展しています。ここでは就農に関するさまざまな情報の収集や相談をすること

ができますので、お気軽にご参加ください。

問4　新規就農をする際、苦労することはどんなことですか？

答4

　新規就農者にとって就農時にもっとも苦労することは、①技術やノウハウの習得、②資金の確保、③農地の確保、④機械・施設の確保、⑤住宅の確保です。この五つを備えることが、新規就農につながる道です。

　また、上記のほかには「家族の理解」や「地域や作目の選択」など、就農に向かう前提として決めておかなければならないことがあります。

　新たに農業を始めるということは、たいていの場合、住まいを移しての生活とともに農業経営をすることですから、家族全員の理解を得ることが大切です。

問5　新規就農をする場所、地域はどのように選ぶべきでしょうか？

答5

　新規就農者実態調査（17頁、表2）によると、就農地を選んだ理由は、「取得・賃貸できる農地があった」（50.8％）がいちばん多くなっています。次に多いのが「行政等の受け入れ・支援対策が整っていた」（28.7％）です。取得・賃貸ができる農

地があり、行政等の受け入れ・支援体制が整っている地域が新規就農する地域を選ぶ際の１つの目安となっています。

　農業には「適地適作」という言葉があります。その土地に適した作物を栽培することが就農に際しての有利な条件となります。つまり、「希望作目の産地である」かどうかが、就農地選択の目安です。その作目の産地として確立している地域ならば、営農技術に対する指導体制がしっかりしており、流通経路等も確立しているはずです。また、自治体や地域ぐるみで支援体制が整っているところを選ぶことも大切です。

　そのほか、「自然環境がよかった」、「実家があった」、「その地域を以前からよく知っていた」ことなどを就農地選びの目安にした人もいます。

問6　自治体の就農支援措置とはどんなものですか？

答6

　都道府県や市町村によっては、新規就農者・希望者に対して独自に受け入れ・支援措置を実施しているところもあります。これらの支援措置については、全国新規就農相談センターのホームページ「農業をはじめる．ＪＰ」に掲載されていますので参考にしてください。

　市町村独自の支援措置は、農地の買い入れ・借り入れに対する助成、農地や住居のあっせん・紹介、機械・施設のリースなど自治体ごとにさまざまです。

2 / 研修編

問1　就農前の研修先（研修受け入れ先）を教えてください。

答1

　研修先は、一般農家（60.6％）がもっとも多く、次いで農業法人（10％）となっており、新規参入者の約７割が農家・法人で就農前の農業技術研修を受けています。そのほかの研修先と

表8　研修の受け入れ主体（中心となった研修先）

		一般農家（指導農業士）	一般農家（指導農業士以外）	農業法人	市町村	市町村農業公社	農協
集計対象全体		24.1	36.5	10.0	3.7	2.7	4.4
就農時年齢	29歳以下	23.6	40.7	9.3	3.3	1.1	2.2
	30〜39歳	25.3	37.4	10.3	3.9	3.1	4.8
	40〜49歳	25.7	33.3	9.6	2.9	2.9	4.3
	50〜59歳	12.9	30.6	9.7	4.8	3.2	8.1
	60歳以上	0.0	23.1	7.7	15.4	15.4	7.7

		農業大学校	農業専門学校（就農準備校等）	職業訓練校	民間企業が運営する研修機関	海外	その他
集計対象全体		9.4	2.3	1.1	2.8	0.3	2.8
就農時年齢	29歳以下	12.1	1.1	1.6	1.6	1.6	1.6
	30〜39歳	7.4	1.9	0.5	2.7	0.2	2.6
	40〜49歳	10.1	2.9	1.7	3.4	0.0	3.4
	50〜59歳	14.5	8.1	0.0	3.2	0.0	4.8
	60歳以上	15.4	7.7	0.0	0.0	0.0	7.7

出典：新規就農者実態調査

しては、市町村・市町村農業公社・農協、農業大学校などです（表8）。

　研修先を選んだ理由は、「就農相談センターに勧められたから」（19.4％）、「希望作目の研修ができるから」（18.7％）、「実践的に経営や技術が学べると思ったから」（18.7％）などです。また、就農時の年代別にみた場合、就農時の年齢が低いほど一般農家で研修を受ける傾向にあることが分かっています（表9）。

表9　研修先を選んだ理由（1位）

単位：％

		親や兄弟、親類、知人に勧められたから	就農相談センターに勧められたから	希望作目の研修ができるから	研修制度が充実していたから	実践的に経営や技術が学べると思ったから	就農させた実績が多いから
集計対象全体		10.8	19.4	18.7	5.9	18.7	2.0
就農後経過年数	1・2年目	10.8	18.0	18.0	5.7	20.0	1.8
	3・4年目	12.8	18.3	18.3	5.8	18.0	2.6
	5年目以上	10.0	21.7	18.8	6.0	17.7	1.9
就農時年齢	29歳以下	20.8	15.0	20.8	4.4	13.3	1.3
	30～39歳	10.2	18.4	17.9	6.2	21.2	2.2
	40～49歳	8.4	23.2	17.0	5.7	16.0	2.3
	50～59歳	1.3	22.4	19.7	11.8	28.9	0.0
	60歳以上	11.1	22.2	27.8	0.0	27.8	0.0

		研修先の人柄がよかったから	福利厚生が充実していたから	実家に近いから	配偶者の実家に近いから	その他
集計対象全体		7.6	0.5	3.2	0.5	12.8
就農後経過年数	1・2年目	8.6	0.2	3.3	0.4	13.1
	3・4年目	6.7	0.6	2.3	0.9	13.9
	5年目以上	7.5	0.7	3.5	0.4	12.0
就農時年齢	29歳以下	11.1	0.0	4.9	0.4	8.0
	30～39歳	7.0	0.5	4.1	0.7	11.7
	40～49歳	7.2	0.8	1.4	0.4	17.6
	50～59歳	7.9	0.0	1.3	0.0	6.6
	60歳以上	0.0	0.0	0.0	0.0	11.1

出典：新規就農者実態調査

問2　就農前の研修はどのぐらいの期間が必要ですか？

答2

　新規就農農業者実態調査によると、実際に研修を受けた期間は、「1年以上2年未満」（46.8％）がもっとも多く、次いで「2年以上3年未満」（21.3％）です。就農前の農業技術研修は、一般的にいえば少なくとも2年前後は必要といえるでしょう。

　一つの作物について、〈播種～定植～栽培管理～収穫〉という1年間で1サイクルを通した実践的な研修が必要です。ただし、研修期間を1年とすると、1年1作の稲作や施設トマトなどでは作物のサイクルの途中から研修に入ることもあり、播種から収穫までのサイクルを通した研修ができなくなる場合があ

表10　実際の研修期間と必要な研修期間

単位：％

			6カ月未満	6カ月以上1年未満	1年以上2年未満	2年以上3年未満	3年以上
集計対象全体		実際の期間	6.0	16.0	46.8	21.3	9.9
		必要な期間	4.6	11.1	50.6	22.1	11.7
就農時年齢	29歳以下	実際の期間	5.7	12.8	43.2	24.2	14.1
		必要な期間	4.0	5.3	46.9	25.7	18.1
	30～39歳	実際の期間	5.0	14.0	45.5	23.8	11.6
		必要な期間	3.5	9.8	49.7	24.9	12.0
	40～49歳	実際の期間	5.8	20.2	48.4	18.7	6.8
		必要な期間	4.7	13.4	54.6	18.3	9.1
	50～59歳	実際の期間	3.9	19.7	53.9	17.1	5.3
		必要な期間	7.9	21.1	48.7	13.2	9.2
	60歳以上	実際の期間	27.8	27.8	27.8	11.1	5.6
		必要な期間	22.2	16.7	38.9	16.7	5.6

出典：新規就農者実態調査

ります。経験値の蓄積のためにも、農業研修は２年以上が望ましいでしょう。

問3　実際に役立つ農業研修はどのような内容でしょうか？

答3

　就農前の農業技術研修は、ほとんどが作業をしながら学んでいく実践的な研修です。特に栽培・飼養技術や機械操作、農産物販売の実務研修が役に立ちますが、同時に農家・農業法人経営者等から聞いた「農業理念・考え方」の話や「経営管理技術」の実務と理論の両面での研修が、後々の農業経営の実践に役立つものです。

3 資金編

問1　就農1年目に必要な農業経営資金、生活資金はどのぐらいでしょうか？

答1

　新規参入就農者が就農1年目に必要とした営農費用（農業経営資金）と生活資金は、28頁の表3に示したとおりです。

　機械施設資金（購入費）が平均561万円、営農資金が平均194万円で、合計755万円でした。用意した自己資金が平均281万円で、不足額が平均474万円になります。生活資金は、平均170万円でした。

　しかし、これは、あくまでも平均の話です。経営作目ごとに農業経営資金は異なります。

　酪農などは、初期投資額が大きいため、営農費用（農業経営資金）が大きくなりますが、露地野菜では営農費用（農業経営資金）合計が平均431万円で、このうち機械施設資金が303万円、必要経費が128万円です。用意した自己資金238万円に対して、資金不足額は193万円という計算になります。

　果樹も、営農費用（農業経営資金）合計が419万円、うち機械施設資金が300万円、必要経費が119万円で、自己資金247万円に対して、資金不足額は171万円です。

　これに対して、酪農では営農費用（農業経営資金）合計3903万円（うち機械施設資金2811万円、必要経費1091万円）で、自己資金581万円に対して資金不足額は3322万円です。

花き・花木も施設建設費や種苗代などがかさむため、営農費用（農業経営資金）合計が781万円、自己資金が275万円に対して資金不足額は506万円になっています。

以上のように、経営作目ごとに農業経営資金額が異なりますので、自分の経営作目に照らして、必要になる農業経営資金額を考えてください。

問2　青年等就農資金の借り入れ手続きについて教えてください。

答2

青年等就農計画を市町村が認定した認定新規就農者になる必要があります。

新たに農業経営を営もうとする青年等であって、市町村から青年等就農計画の認定を受けた者（認定新規就農者）で、青年等就農資金の借り受けを希望する人は、認定就農計画の写しやその他必要な提出書類を窓口機関（民間金融機関、日本政策金融公庫、日本政策金融公庫の受託金融機関）へ提出します。その後、融資機関による審査、窓口機関を経て、認定新規就農者へ融資可否の回答があります。なお、詳しい内容、必要書類等については市町村や窓口機関にお問い合わせください。

4 農地編

問1　なぜ農地にだけ農地法など特別の規制があるのですか？

答1

　農地は、食料などを生産する農業生産・農業経営にとって必要不可欠な経営資源・生産手段です。いったん農地を荒らしてしまうと、元の農地に戻すためには大変な労力と資金、時間がかかります。

　農地を農地として利用し、食料などを生産していくための法制度として、日本では第二次大戦後の昭和27年に農地法が制定されました。ヨーロッパ諸国では、食料生産の基盤である農地の利用を持続させるための法制度として「開発不自由」を原則とする土地利用計画制度がありますが、日本では、農地利用を持続させるための制度として農地法が制定されたのです。「耕作する者」が農地の権利（所有権、賃貸権、使用貸借権等）をもつことが、農地のもっとも合理的で効率的な利用を持続することになるという考え方です。

問2　取得できる農地の情報はどこで知ることができますか？

答2

　市町村の農業委員会に地域内の農地の情報が集まっています。

　しかし、これらの情報があっても、売り手や貸し手がいることですから簡単に取得できるものではありません。そこで、国では2013年（平成25年）に「農地中間管理事業の推進に関する法律」を施行し、農地中間管理機構が高齢などの理由で耕作ができなくなった農地を所有者から借り受け、担い手農家や新規就農希望者などに貸し付ける制度を創設しました。これにより、農地の集積・集約化が促進されるようになりました。

　農地取得への近道は、都道府県の新規就農相談窓口などに相談して、自分のやりたい経営作目に適している気候風土の地域や産地の紹介を受けて、その産地などで農業研修したり、自分のやりたい経営作目の農業法人に研修に入り就職して従業員として経験を積んだりすることなどです。このように、農業研修や農業法人の従業員としての経験を積み、農業経営を行うことのできる栽培・飼養技術、経営技術を身につけていく上で、その地域の農地に関する情報がある農業委員会を訪ねて、農地の買い入れや借り入れまでの相談に乗ってもらうことです。

問3　農地を探すときのポイントを教えてください。

答3

　土地条件をチェックすることが大切です。

　経営作目に適した気候風土や社会条件があり産地を形成している地域で、自分がやりたい作目にあった農地をさがすことが後々の農業経営の確立を考えると大切です。

　就農希望先の市町村で、農地のある現場を訪ねて、できればいくつかの候補地を下記の点に注意しながら見て選びます。

① 　土地の形状や面積がどうなっているか
② 　希望する経営からみて必要とする面積があるか
③ 　土地の条件が良いか
④ 　農地の価格水準、借地料の水準がどのようになっているか

経営・営農編

問1　新規就農者はどんな経営作目を選んでいるのでしょうか？

答1

　農林水産省の令和3年新規就農者調査結果の部門別新規参入者数（表11）によると、露地野菜作（約34.2％）が最も多く、次いで果樹作（約20.6％）、施設野菜作（約17.0％）となっています。

表11　部門別新規参入者数

単位：人

区分	稲作	畑作	露地野菜作	施設野菜作	果樹作	花き作	その他の作物
令和2年	490	190	1,110	700	660	120	90
3	490	210	1,310	650	790	150	90
増減率（％）	0.0	10.5	18.0	△ 7.1	19.7	25.0	0.0
構成比（％）							
令和2年	13.7	5.3	31.0	19.6	18.4	3.4	2.5
3	12.8	5.5	34.2	17.0	20.6	3.9	2.3

区分	酪農	肉用牛	養豚	養鶏	その他
令和2年	60	120	10	10	20
3	40	70	0	10	10
増減率（％）	△ 33.3	△ 41.7	△ 100.0	0.0	△ 50.0
構成比（％）					
令和2年	1.7	3.4	0.3	0.3	0.6
3	1.0	1.8	0.0	0.3	0.3

注：1　「畑作」とは、麦類、雑穀、いも類、豆類、工芸農作物をいう。
　　2　「花き作」とは、露地花き、施設花き、花木をいう。
　　3　「肉用牛」とは、繁殖牛、肥育牛をいう。
　　4　「養鶏」とは、ブロイラー、採卵鶏をいう。
　　5　「その他」とは、養蚕、その他の畜産をいう。

問２　経営作目を選ぶときのポイントを教えてください。

答２

　取得できる農地の面積、労働力の人数から考えます。

　新しく農業経営を始める場合、取得できる農地面積が限られてきます。また、農業で働ける労働力の人数も限られます。これらを考えながら、その作目の10a当たり農業所得の水準を考慮し作目を選んでいくことになります。

　新規就農者の場合、小さな経営面積でも面積当たりの農業所得の多い労働集約的な作目を選ぶとよいでしょう。多くの新規就農者は、小さな経営面積でも所得が高くなる野菜・花き・果樹といった園芸作物を経営作目に選んでいるようです。

　とりわけ労働力の人数に無理がないか点検してください。労働力が足りないときにはパート従業員などを雇用することを考えなければなりませんが、その場合は雇用賃金の負担が発生するからです。

　このように、経営作目については、初期投資などに必要とされる資金額、取得できる経営面積、労働力の人数といった面から、無理のない計画の中で選んでいくことが重要です。

問3 農業経営が確立するまで、どのくらいの時間を考えたらいいでしょうか？

答3

　新規就農の場合、農業経営の確立までに３〜５年かかります。

　新規就農者実態調査によると、就農１・２年目で農業所得で生計が成り立っている人はわずか20.3％です。３・４年目は33.5％、５年目以上は53.2％と年数が長くなるにつれ、生計が成り立ってきているという傾向があります。

　農業所得で生計が成り立っていくまでの３〜５年を、農業経営が確立するまでの期間とみるといいでしょう。経営が成り立つ年間の農産物売上高の水準は、都府県平均で809万円です。北海道平均は2184万円ですが、北海道の新規参入者は酪農経営の割合が多いためです。野菜などの耕種農業の場合は、都府県平均の農産物売上高年間800万円から1000万円を経営確立の目安にするといいでしょう。

　なお、同調査によって農業所得で生計が成り立たない新規就農者は、所得の不足分を「就農前からの蓄え（貯金など）」や「農業以外での収入」などによって対応しています。したがって、農業経営が確立するまでの期間の生活資金を準備しておく必要があります。

問4　農業機械や施設設置費用を節約するため、中古品を入手する場合の注意点は？

答4

　一般的な農業用機械や軽トラックなどは中古品で十分間に合いますが、乗用田植機やコンバイン、大型トラクターなどの複雑な農業用機械の場合は、経年劣化による故障が起きることもあり、かえって修理費がかさんでしまうこともあります。中古品を購入する際は、故障・修理費といったリスクの面も念頭に入れておきましょう。

　野菜・花きの施設栽培は、ビニール温室（ハウス）などの施設設置費がかかり、加温栽培では重油焚きの暖房機などが必要です。温室などは離農農家などの中古品もありますので、その場合は農地ごと借りる方法もあります。

　農業用機械は、農作業労働を軽減してくれます。肩掛け式の刈り払い機（草刈り機）や、露地野菜栽培などでの小型のトラクターや管理機、運搬機など、野菜の出荷などに使う軽トラックなど、必要最小限の農機具や農業用機械を装備することが必要です。

　また、収穫物を出荷するための作業場があると便利です。この作業場は、収穫物の貯蔵・保管や生産資材・農機具などの保管場所にも使えます。住宅事情などから作業場がつくれない場合は、ビニール温室（ハウス）の一画などを作業場兼資材置き場などに利用するといいでしょう。

農村生活編

問1 家族で農村への移住を考えていますが、移住先を決めるポイントは？

答1

　農業集落地域は、生産の場と生活の場が一体になっていることや、集落特有の人間関係が濃密であること等の特徴が見受けられます。そうした地域環境に溶け込み、そこでの生活を楽しめるかが大切です。

　移住先を決めるときは、まず家族の生活がどのようになるのかを検討してみましょう。

　移住する際、生活条件についても確認しておく必要があります。例えば、幼稚園や小中学校などの教育施設がどこにあるか、病院などの医療・診療施設が整っているか、公民館や体育館、文化施設などがどこにあるか、日用品の買い物等ができる場所がどこにあるかなどです。

問2 新規就農者が就農後に抱える経営や生活面での課題はどんなこと？

答2

　新規就農者実態調査によると、新規就農者が就農後に経営面で直面している課題としてあげていることに、「所得が少ない

こと」、「技術の未熟さ」、「設備投資資金の不足」、「労働力不足
（働き手が足りない）」、「運転資金の不足」などがあります。就
農後も所得や農業技術・経営技術の問題などを抱えているので
す。

　一方、生活面では、「思うように休暇がとれないことや、農
作業の労働がきついことからの健康面での不安」、「就農地に友
人が少ない」、「交通・医療等の不便さ」、などの問題を抱えて
います。

　そのような場合は、行政機関に配置された「普及指導員」に
相談するか、市町村等の農政所管課や農業委員会、農業協同組
合等に相談されることをお勧めします。

　集落の慣行や集落の人たちなどとの人間関係や地域の中での
付き合い方なども悩みのひとつとなっているようですが、集落
の行事や集まりなどの地域社会との関わりはむしろ新規就農者
の方から積極的に参加したほうがよいでしょう。

第5章

農業法人に就職するために

1 / 農業法人とは

農業法人への就職者

　農業生産を行っている会社などの農業法人に従業員として就職して農業の仕事に就く人が増えています。

　農業法人は、経営規模の拡大や、経営の複合化・多角化を行い、年間を通じて従業員を雇用する経営が増えています。

　ここでは、農業法人に就職する方法について記載します。

農業法人の経営形態

　農業を営む法人のことを農業法人と呼びます。

　農業法人のうち農地法に定める一定の要件を満たし、農地の借り入れや買い入れの権利があり、耕作できる法人を「農地所有適格法人」といいます。農地所有適格法人は、全国で2万45経営体あります（2021年現在）。農業法人には、株式会社、特例有限会社、合同会社、合名会社、合資会社といった会社法人と、農協法にもとづいて農民3人以上で組織する農事組合法人があります。

　このように、企業的な農業経営を行っている農業法人にはさまざまな形態がありますが就職する上で大きな違いはありません。

2 / 農業法人に就職する方法

1）農業法人による雇用

　農業法人は、経営規模の拡大や、経営の複合化、多角化を行い、従業員を雇って経営を行う「雇用型経営」が増えています。また、新規雇用就農者数は2014年度は7650人でしたが、2021年度は1万1570人と約1.5倍になり、年々注目が高まっています。

図15　新規雇用就農者数の推移

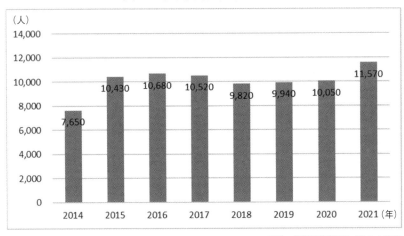

出典：新規就農者調査（農林水産省）

　将来は独立して農業経営を行おうと考えている人も、まずは農業法人に就職することによって生活を安定させて、これまでのキャリアで生かせるものは生かしながら農業技術を習得することも一つの選択肢です。また、雇用就農を通して自分自身の農業に対する適性を見極めることもできます。農業法人の従業員としての経験を積むなかで、農場長や代表になっていく人も

います。もちろん、何年かして独立し新しく農業経営を始めていくことも可能ですが、農業法人の代表者にあらかじめ相談しておく方が就農支援やトラブル防止のうえでよいでしょう。

2）農業法人への就職の手順
（1）農業法人への就職の相談窓口

　農業法人への就職に関する相談は、全国新規就農相談センターのほか都道府県の新規就農相談窓口で受け付けていることがあります。また、都道府県のハローワーク（公共職業安定所）によっては、農林漁業就職支援コーナーを設置しているところもあります。全国新規就農相談センターは、公益社団法人日本農業法人協会（会員約2100法人）の協力を得て、農業法人の求人・研修情報を収集して、その結果をホームページで提供しています。

［URL］

https://www.be-farmer.jp/recruitment/search/

　この情報は都道府県別、経営形態（作目種）別、採用時期などで絞り込み検索をすることができます。このホームページにある農業法人への就職を希望する場合は、直接農業法人に問い合わせしてください。

（2）「新・農業人フェア」への参加

　「新・農業人フェア」は、毎年、東京・大阪で複数回開催しています。

　同フェアには、求人希望のある農業法人や自治体の農業関係者、農業専修学校等の関係者が会場内に設置されたブースに出

展して、就農希望者と直接相談する形式をとっています。

3）就職する前に知っておきたいこと
（1）会社法人と組合法人

　農業法人の中には家族数人で設立した法人もありますが、一方では従業員が300人を超えるような大規模な農業法人もあります。農の雇用事業に関するアンケート調査結果によると、常時雇用をしている農業法人等1336経営体のうち、年間売上高5000万円以上の法人が56％、1000万円以上だと９割以上になります。農業法人の従業員は、正社員、臨時雇用、期間雇用、パートタイマー、アルバイトなど、さまざまな就業の形態があります。農業法人は正社員数10人未満が83％で製造業などと比べると中小規模といえます。

図16　昨年の農業関連売上

n=1,114

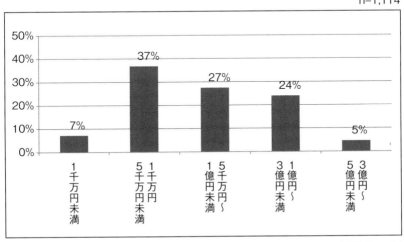

出典：農の雇用事業に関するアンケート調査結果（2018年）

図17　現在の農業部門の正社員数

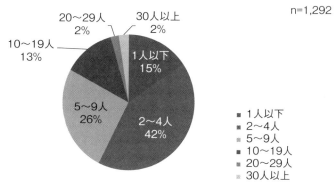

出典：農の雇用事業に関するアンケート調査結果（2018年）

（2）仕事の内容

　農業法人での仕事は、経営作目や経営規模によって違います。また、生産部門以外でも農畜産物の加工部門や販売などの営業部門を任されることもあります。そのほか、企画・経理など事務系の仕事もあります。

　農業法人の仕事は、農作業の肉体労働からデスクワークまでさまざまです。求人募集の職種をよく確認することが大切です。また、配置換え（人事異動）があるかどうかも確認しておく必要があります。

（3）勤務時間と休日

　農業の仕事は日の出から日没までなどとイメージする人がいるかもしれませんが、農業法人では、就業規則等で勤務時間がきちんと決められています。農業法人が雇用する場合も、一般企業と同じく、労働基準法の適用を受けます。通常、1日8時間1週40時間を原則にしています。勤務時間を超えた勤務には、超過勤務手当てを支払うことになっています。

しかし、農業の場合、季節によって忙しい時期（農繁期）と比較的余裕の生まれる時期（農閑期）があります。そのため、労働基準法の中の労働時間（勤務時間）と休日の規定が例外として適用されないことになっています。

野菜・果樹などの耕種農業では農繁期と農閑期では勤務時間を変えている場合があります。例えば、４月から10月までは何時から何時まで、11月から３月までは何時から何時までといったかたちです。ただし、年間平均にすると１日８時間で１週40時間内になるよう定められています。

動物を扱う畜産関係の農業法人では、搾乳時間の関係で変則的な勤務時間のところもあります。例えば酪農では、始業時刻が早朝４、５時で、終業時刻が夜20時、ただし昼休みが長くなっています。

休日は、週休１日や隔週休２日制等の農業法人もあります。日曜が休日の農業法人もあります。

４）どんな人を求めているか

（１）正職員の募集理由

農業法人は、経営規模を拡大したり経営の複合化・多角化によって新規部門を開始したりして、労働力が不足しているために従業員を募集しているところが増えています。

（２）職員の採用基準

農業法人がどんな人材を求めているのか確認してみましょう。農の雇用事業に関するアンケート調査結果によると、正社員を採用する際に、評価する要素として「志望動機（入社意思や農業への関心等）」、「堅実性（責任感、信頼性等）」、「社会性

（順応性、協調性等）」などが重視されています。一方、「IT に
関する基礎知識」、「栽培・飼養管理に関する基礎知識」につい
てはあれば望ましいにとどまっています。農業法人が正職員な
どを採用するときには、農業経験の有無が応募条件になってい
るものばかりではありません。農業経験のない農家以外の出身
者や何年間か会社勤めをした経験のある人などを採用している
農業法人もあります。

図18　正社員を採用する際に評価する要素

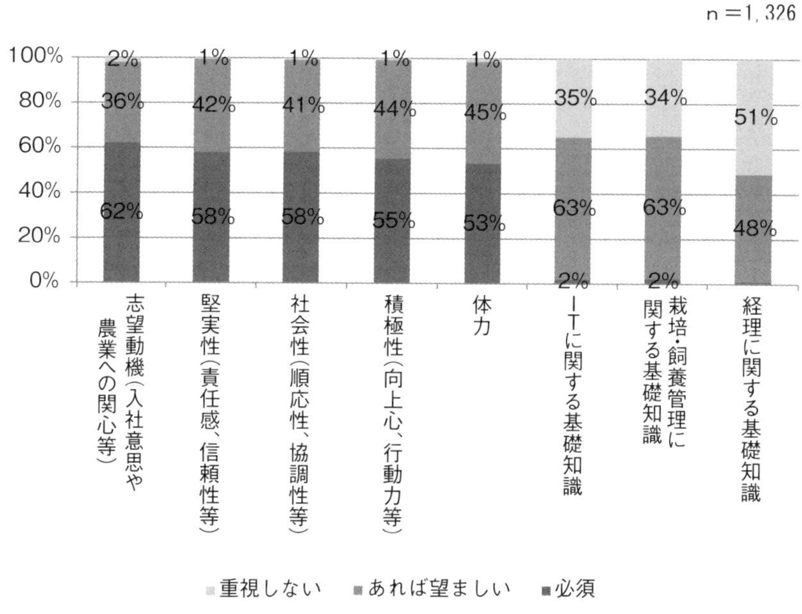

n ＝ 1,326

出典：農の雇用事業に関するアンケート調査結果（2018 年）

5）農業法人の雇用条件

（1）雇用契約を結ぶ

　農業法人に就職して勤めることは、一般の会社などに就職し
て勤めることと変わりありません。農業法人が雇用するときも、

労働基準法など労働法規が適用されます。

　ただし、農業の場合は、労働基準法の労働時間・休日の規定が例外として適用されません。たとえば野菜や果樹などの農業は、季節によって忙しい時期（農繁期）と比較的余裕が生まれる時期（農閑期）があります。忙しい時期には勤務時間を長くして休日も少なくすること、暇な時期には勤務時間を短くして休日も多くすることができます。酪農では、早朝４時、５時が始業時刻で夜20時が終業時刻、その代わりに昼休み時間を長くするといった勤務時間を決めることもできます。

　前に述べたように、農業法人でも、勤務時間は１日８時間、１週40時間、休日は隔週休２日制などの就業規則を決めているのが一般的です。

　採用時に、雇用する農業法人側と雇用される側とで、労働時間（勤務時間）・休日や賃金水準などについて「雇用契約」を文書で結んでおくことが大切です。就業規則があるからといって雇用契約を「口約束」でする場合がありますが、後々のトラブルの原因となりますので、雇用契約は文書で結んでおくことが大切です。

（2）農業法人の給与水準

　新卒者の給与水準は、他産業の法人と同様に農業法人の規模や所在地などにより、福利厚生や賞与といったことも含めて異なっています。就業規則や給与規定を定めている農業法人は、比較的多くなっていますので、よく確認しましょう。

　農業以外の仕事からの転職組にとっては、前職に比べて給与水準が下がってしまうことも多いです。

　法人によっては、従業員のために民間アパートなどを紹介し

て、家賃の一部を負担しているケースもあります。

　農業法人の経営は、工業製品と違って農産物の市況はその年の気候などによって大きく左右されます。賞与を用意している農業法人の場合でも、そのときの農畜産物の市況などによって業績が変動し、賞与の水準も変わってしまう場合があります。

第6章

知っておきたい
保険・税金・移住の手続き

1 / 知っておきたい労働・社会保険の制度

脱サラして農業に就いた場合に加入する 労働・社会保険

農業者（個人事業主）になった場合

　労働保険（労災保険・雇用保険）の対象者は労働者です。そのため、農業者等の個人事業主は原則として加入することはできません。ただし、農業者にも労災保険の特別加入の道が開かれています。

　脱サラ後の医療保険については、健康保険の「任意継続被保険者」になるか、国民健康保険に加入するかという選択肢があります。

　国民年金は、種別変更の手続きが必要になります。具体的には、第2号被保険者から第1号被保険者に変わります。また、扶養している配偶者がいる場合は、その配偶者も第3号被保険者から第1号被保険者に変わります。

　サラリーマン時代は、労働保険（労災保険・雇用保険）や社会保険（健康保険・厚生年金保険）の手続きはすべて会社がしてくれていましたが、脱サラして農業者等の個人事業主になると、これらの手続きはすべて自分でしなければいけなくなります。

　脱サラして農業に就いた場合に加入する労働保険と社会保険をまとめると右の表のようになります。

農業法人に就職した場合

　農業法人等の法人に転職した場合は、身分は転職前と同じ労働者であるため、加入する労働保険と社会保険は転職する前と変わりません。

　また、加入手続き等の事務処理も就職先農業法人の担当者がしてくれますので、基本的に自分で手続きすることはありません。

表12

就職／自営	農業者（個人事業主）になった場合				
労働・社会保険	社会保険				労働保険
保　険　種　類	健康保険（任意継続）		国民健康保険	国民年金	労災保険（特別加入）
保　　険　　者	政府	健康保険組合	市区町村	政府	政府
窓　　　　　口	年金事務所	健康保険組合	市区町村	市区町村	労働基準監督署
手続きをする人	個人で手続きをする				
保　険　事　故	業務外の病気・けが・死亡・出産		業務中・業務外の病気・けが・死亡・出産	老齢障害死亡	業務上及び（通勤途上）の病気・けが・障害・死亡
給　　　　　付	傷病給付（療養の給付、家族療養費、療養費、傷病手当金、高額療養費等）、出産給付（出産育児一時金、出産手当金）、死亡給付（埋葬料等）		傷病給付（療養の給付、家族療養費、療養費、高額療養費等）、出産給付（出産育児一時金）、死亡給付（葬祭費）	老齢基礎年金、障害基礎年金、遺族基礎年金など	療養（補償）給付、休業（補償）給付、障害（補償）給付、遺族（補償）給付、傷病（補償）年金、介護（補償）給付など
保険料の負担者	被保険者（全額自己負担）				

101

表13

就職／自営	農業法人等に就職した場合			
労働・社会保険	労働保険		社会保険	
保険種類	労災保険	雇用保険	健康保険	厚生年金保険
保険者	政府		政府 / 健康保険組合	政府
窓口	労働基準監督署	公共職業安定所	年金事務所 / 健康保険組合	年金事務所
手続きをする人	農業法人等が手続きをする			
保険事故	業務上及び通勤途上の病気・けが・障害・死亡	失業など	業務外の病気・けが・死亡・出産	老齢 障害 死亡
給付	療養（補償）給付、休業（補償）給付、障害（補償）給付、遺族（補償）給付傷病（補償）年金、介護（補償）給付など	求職者給付（基本手当等）、就職促進給付（再就職手当等）、教育訓練給付、雇用継続給付	傷病給付（療養の給付、家族療養費、療養費、傷病手当金、高額療養費等）、出産給付（出産育児一時金、出産手当金）、死亡給付（埋葬料等）	老齢厚生年金、障害厚生年金、遺族厚生年金など
保険料の負担者	事業主	事業主と被保険者（労使で折半）		

医療保険と公的年金の体系を理解しよう

　医療保険制度は、制度ごとに保険給付や保険料などの内容が異なります。例えば、サラリーマンの加入する健康保険には万一病気やけがで働けなくなったときの補償として「傷病手当金」があります。療養のために会社を休んで会社から給料がもらえなくなっても、この給付により給料の約3分の2が補償されます。個人事業主の加入する国民健康保険には原則としてこの傷病手当金はありません。また同じ国民健康保険でも市区町村ごとに給付の内容や保険料は異なります。自分がどの医療保険制度に加入しているか、その制度の給付内容はどのように

なっているか、申請等の窓口はどこかなどを確認しておく必要があるでしょう。

年金の種別変更手続きは忘れずに

　自分がどの年金制度に加入しているか確認しましょう。農業者等の個人事業主とその配偶者は第1号被保険者です。農業法人の従業員は第2号被保険者になります。第3号被保険者は第2号被保険者に扶養されている配偶者（いわゆるサラリーマンの妻）が該当します。退職しても間を空けず農業法人等に就職した場合には、種別の変更手続きは必要ありませんが、農業者等の個人事業主になった場合は、市区町村の国民年金窓口で第2号被保険者から第1号被保険者への種別変更を手続きする必要があります。

表14　健康保険の任意継続被保険者と国民健康保険の内容

	健康保険の任意継続健被保険者	国民健康保険
加入の条件	退職した前日までに継続して2カ月以上健康保険の被保険者であったこと	健康保険に加入していないこと
加入できる期間	2年間	制限なし
医療費の負担	3割（3歳未満は2割、70～74歳は2割又は3割※）	
保険料	全額自己負担。ただし、退職時の標準報酬月額か、加入していた健康保険の全被保険者の標準報酬月額の平均値の低いほうが標準報酬月額で算出する保険料となる	市区町村により異なる（国民健康保険は各市区町村によって運営され、その財政状況に応じた保険料の賦課方式がとられているため）
手続きの期限	退職の翌日から20日以内	退職の翌日から14日以内
手続きの窓口	退職時の職場が政府管掌健康保険の場合は年金事務所、組合管掌健康保険の場合は当該健康保険組合	市区町村

※現役並み所得者（標準報酬月額28万円以上）は3割負担。ただし、夫婦2人世帯の年収が520万円（単身世帯の場合は383万円）未満の場合、申請により2割負担となる。

表15　医療保険制度の体系

職域保険				地域保険
被用者			個人事業主	被用者保険や国民健康保険組合に加入していない個人事業主
組合管掌健康保険に加入していないサラリーマン	大企業が自らの組織、または同業の企業で組織	公務員	医師、理美容業、小売業などの同種同業の個人事業主が組織	
政府管掌健康保険	組合管掌健康保険	共済組合	国民健康保険組合	国民健康保険

表16　被保険者の種別と加入する公的年金制度の関係

3階部分			厚生年金基金等（任意）	
2階部分	国民年金基金等（任意）	農業者年金（任意）	厚生年金	
1階部分	国民年金			
種別	第1号被保険者		第2号被保険者	第3号被保険者
職業等	個人事業主、学生など	農業者	農業法人等民間の会社の従業員や役員、公務員等	民間の会社員・公務員等の被扶養配偶者

脱サラして農業に就いた人を支援するさまざまな制度

労災保険特別加入制度

　労災保険は、労働者の業務災害に対する補償を本来の目的としています。しかし労働者でない農業者でも、作業の実態等からみて、特に労働者に準じて保護する必要があると認められる者に対して、特別加入制度が設けられています。

104

▶農業者の特別加入

農業者は、「特別作業従事者」（「指定農業機械作業従事者」及び「特定農作業従事者」）で特別加入することができます。

なお、農業の事業主が特別加入すると、当該事業に使用されている労働者についても労災保険が適用されます。

また「中小事業主等」で特別加入することも可能です。

▶加入するには

労災保険の特別加入は個人で加入することはできません。指定農業機械作業従事者と特定農作業従事者については、特別加入組合に加入した上に、労災保険に加入することになり、中小事業主等については、労働保険事務組合を通じて加入することになります。

特別加入組合と労働保険事務組合は、事業主を構成員とする団体であることが必要条件であるため、その多くはその地域にある農協（ＪＡ）内に設置されています。

▶中小事業主等とは

農業の場合には常時300人以下の労働者を使用する事業主（事業主が法人の場合にはその代表者）および労働者以外で当該事業に従事する者（特別加入できる事業主の家族従事者など）をいいます。

なお、継続して労働者を使用しない場合であっても、１年間に100日以上にわたり労働者を使用している場合には、常時労働者を使用しているものとして取り扱われます。

表17　農業の労災保険特別加入制度の比較

	指定農業機械作業従事者	特定農作業従事者
加　入　資　格	自営農業者（労働者以外の家族従事者などを含む）であって、次の機械を使用し、土地の耕作又は開墾又は植物の栽培若しくは採取の作業を行う者 [1] 動力耕うん機その他のトラクター、[2] 動力溝掘機、[3] 自走式田植機、[4] 自走式スピードスプレーヤーその他の自走式防除用機械、[5] 自走式動力刈取機・コンバインその他の自走式収穫用機械、[6] トラックその他の自走式運搬用機械、[7] 定置式又は携帯式の動力揚水機、[8] 動力草刈機等の機械、[9] 無人航空機（農薬、肥料、種子もしくは融雪剤の散布または調査に用いるものに限る）	年間農業生産総販売額300万円以上又は経営耕地面積2ha以上の規模（この基準を満たす地域営農集団等を含む）で、土地の耕作若しくは開墾、植物の栽培若しくは採取、又は家畜若しくは蚕の飼育の作業を行う自営農業者（労働者以外の家族従事者などを含む）であって、次の作業に従事する者 [1] 動力によって駆動される機械を使用する作業、[2] 高さが2m以上の箇所における作業、[3] サイロ、むろ等の酸素欠乏危険場所における作業、[4] 農薬の散布の作業、[5] 牛、馬、豚に接触し、又は接触する恐れのある作業
対　象　事　業	農業（畜産及び養蚕を含まない）	農業（畜産及び養蚕を含む）
対象となる作業	指定農業機械作業	動力駆動機械作業、高所作業、酸素欠乏危険箇所作業、農薬散布作業、家畜に接触する作業
対象となる場所	ほ場、ほ道。ただし、動力脱穀機、動力カッター・コンベヤーを用いて行う作業については上記以外の場所も補償対象となる	ほ場、牧場、格納庫、農舎、畜舎、堆肥場、草刈場、ライスセンター、むろ、サイロ等
対象となる時間帯	特定されていない	特定されていない
年間保険料（例）	給付基礎日額5千円‥5,475円 給付基礎日額1万円‥10,950円 給付基礎日額2万円‥21,900円	給付基礎日額5千円‥16,425円 給付基礎日額1万円‥32,850円 給付基礎日額2万円‥65,700円

農業者年金

　農業者年金は、農業者のための公的年金です。農業者年金制度は、他の公的年金と同様の「老後生活の安定・福祉の向上」の目的と共に、年金事業を通じて農業者を確保するという農業

政策上の目的を併せ持つ制度です。

　農業者年金制度は確定拠出型の積立方式ですので、納付された保険料は将来自分のための年金給付の原資として積み立てられます。そして将来、納付した保険料総額とその運用益を基礎とした農業者老齢年金として受給することになります。

▶加入資格

　農業経営者だけでなく、農業に従事する者も加入できます。

　年齢要件……20歳以上60歳未満（年間60日以上農業に従事する60歳以上65歳未満の国民年金の任意加入者も加入できます。）

　国民年金の要件……国民年金の第1号被保険者（ただし保険料納付免除者でないこと）

　農業上の要件…年間60日以上農業に従事する者

▶保険料

　保険料には通常保険料と特例保険料があります。

　[1] 通常保険料

　　政策支援を受けない者が納付する保険料です。保険料の額は、月額2万円（35歳未満で政策支援加入の対象とならない方は1万円）から6万7千円まで千円単位で加入者が決定します。また、いつでも変更することが可能です。

　[2] 特例保険料

　　政策支援（保険料の国庫補助）を受ける者が納付する保険料です。保険料の額は、基本保険料2万円から助成額を

除いた額になります。

▶年金給付

給付の種類は、農業者老齢年金、特例付加年金、死亡一時金の３種類です。

農業者老齢年金は、65歳から75歳の間で受給開始時期を選択（裁定請求）することが原則ですが、60歳まで繰り上げ受給を選択することもできます。

▶取扱窓口

農協（ＪＡ）が取扱窓口となっています。加入の手続は最寄のＪＡ窓口で行ってください。

なお、制度の内容は、市町村農業委員会で指導・助言を行っていますので、詳しくは、農業委員会で確認してください。

また、都道府県農業会議には農業者年金相談員が常駐し、常時相談に応じています。

表18　政策支援加入の対象者と補助額

政策支援区分	保険料助成を受けられる者	助成額	
		35歳未満	35歳以上
1	認定農業者かつ青色申告者（ア）	10,000円	6,000円
2	認定就農者かつ青色申告者（イ）		
3	上記ア又はイの者と、家族経営協定を締結し、経営に参画している配偶者又は後継者		
4	認定農業者又は青色申告者のいずれか一方を満たす者で３年以内に両方を満たすことを約束した者	6,000円	4,000円
5	35歳まで（25歳未満の場合は10年以内）にアの者となることを約束した後継者		—

（注）助成額は、通常保険料（２万円）にのみ適用され、通常保険料と助成額との差額が実際に加入者が納める保険料となる。

小規模企業共済制度

　小規模企業の経営者や役員・個人事業主などのための、積み立てによる退職金制度です。国の機関である中小機構が運営しています。

▶加入資格
　・常時使用する従業員が20人以下の農業を営む個人事業主
　・常時使用する従業員が20人以下の農業を営む会社の役員

▶掛金
　毎月の掛金は、千円から７万円までの範囲内（500円単位）で、自由に選べます。

　加入後も増額・減額ができます。

▶共済事由（共済金が受け取れる場合）
　・個人事業をやめたとき（死亡を含む）
　・法人（株式会社など）の役員がその法人の解散によりやめたとき
　・役員が疾病・負傷により役員をやめたとき（死亡を含む）
　・65歳以上で15年以上掛金を払っている共済契約者から請求があったとき（老齢給付）等

2 知っておきたい税金知識

会社を辞めたとき、個人事業主になったときの手続きと注意点

会社を辞めたら

　給与所得者の所得税は、給与や賞与を支払う者（事業主）が、給与等の支給を受ける人に代わり、所得税を計算し、国に納付する仕組みになっています。毎月の給与から天引きされている源泉所得税は、あくまで概算払いに過ぎません。そこで、年末調整を行うことによって所得控除等（扶養や保険料など）が考慮され、税金が返ってきます。

　退職金を受けとった場合、退職手当等の支払いの際に「退職所得の受給に関する申告書」を提出している人の場合は、原則として確定申告の必要はありません。退職手当等の支払者が所得税を計算し、その手当等の支払いの際、所得税の源泉徴収を行うためです。

　さて、年内に事業を開始した人の場合には給与所得及び退職所得と退職後に始めた事業の所得を合算して確定申告をすることになります。事業が軌道に乗らず、赤字が出ている場合は、事業所得の赤字分を給与・退職所得等の金額と損益通算することができ、赤字の分だけ課税対象となる給与・退職所得等の金額が減少するため、税金が還付される可能性が大きくなります。

　申告時には「給与所得の源泉徴収票」が必要となりますので、勤務先からもらっておきましょう。退職金を受け取った場合に

は、「退職所得の源泉徴収票」が必要になります。

会社員を辞めて、個人事業主になったら

　会社員を辞めて、個人で農業経営を始めた場合、これまでのように税金の支払い、精算は会社任せというわけにはいかなくなります。個人事業者になると所得税、住民税に加え、場合によっては消費税を自ら申告（確定申告）して納税をしなければならなくなります。

　農業者などのように、事業を営んでいる人（個人事業主）の事業から生ずる所得を事業所得といいます。事業所得の金額は、「総収入金額（事業から生ずる売上金額等）－必要経費」の算式で求められ、確定申告によって納める税金を計算します。必要経費とすることができるものは、農産物等の生産・販売及び経営管理にかかった経費です。

　このようにして求めた事業所得から、各種所得控除を差引き、税率を掛け、納めるべき税金を計算していくことになります。

個人事業主と税金
〜青色申告・白色申告〜

　個人事業主になると、各種税金は自分で計算して確定申告します。その申告方法に、「青色申告」と「白色申告」とがあります。個人事業主の確定申告は、「事業所得」となり、収支を確定した決算書を添付書類として提出します。青色申告と白色申告とでは、記帳の方法や特典等に違いがあり、どちらの方式にするか選択しなければなりません。

　以下、青色申告の特典についてその主要なものを解説しましょう。

[1] 青色申告特別控除

　不動産所得または事業（農業）所得を生ずるべき事業を営む青色申告者（現金主義の規定の適用を選択している者を除く）で、当該所得の取り引きを正規の簿記（一般的には複式簿記）によって記帳し、確定申告書に貸借対照表・損益計算書を添付する場合には、最高55万円（※）を控除することができます。それ以外の青色申告者については、不動産所得・事業（農業）所得・山林所得のいずれかの所得の金額から10万円を控除することが認められています。

（※）電子帳簿保存法による電子帳簿保存もしくはe－Taxによる確定申告による場合は最高65万円適用。

[2] 青色事業専従者給与の必要経費算入

　生計を一にする配偶者その他の親族に支払う給料などは、原則として必要経費に算入されません。しかし、あらかじめ税務署に届出書を提出し、専ら事業に従事することについて一定の要件を満たす場合には、届出書に記載されている金額の範囲内（ただし、その労務の対価として相当と認められる金額の範囲内）において必要経費として事業の収入から差し引くことができます。専ら事業に従事する専従者の給与について白色申告では、一定の要件を満たす場合に1人につき最高50万円（配偶者の場合には最高86万円）というように、専従者控除として必要経費とされる金額に限度がありますが、青色申告の場合には、基本的には支払った金額を必要経費にできます。

　このように、きちんと帳簿を付け、書類を保存することで、さまざまな税制上のメリットが受けられます。しかし、

仕訳とか貸方・借方とかいわれてもなかなかピンこないような、簿記の知識や経理業務の経験がない人にとって、青色申告で65万円控除を受ける際の最大の難関は、正規の簿記（複式簿記）で経理帳簿を付けることといえるでしょう。

表19　給与所得者・個人事業主に関係する主な税金

給与所得者	個人事業主	
所得税	所得税	事業税
源泉徴収制度…給与等にかかる税金は、毎月給与を受けとるごとに天引きされる。所得が給与所得のみの、一般の会社員の場合には、その年の最後の給与の際に、年末調整を行うことによって扶養控除を始めとする所得控除が加味され、正しい税額が計算されることとなる	申告納税制度…農業などの事業者は、自分で所得を計算し、申告書を提出（確定申告）して納税する。1月1日から12月31日までの1年分の所得金額をもとに税金を計算し、翌年2月16日から3月15日までに申告・納税を行う	税務署に申告書を提出していれば、その前年分の事業所得をもとに計算されるため、申告の必要はない。その税率は業種により異なり、所得が290万円以下であれば免税となる。納付は8月と11月の年2回
住民税	住民税	消費税
前年の所得をもとに課税され、翌年6月から納付を行う。会社員の場合、基本的には毎月の給与から天引きされる	税務署に申告書を提出していれば、その前年の確定申告書をもとに計算され、納付書が送られてくるので、申告の必要はない。納付は6月から、年4回に分けて行う	前々年の課税売上高が1,000万円を超える場合には消費税の納税義務者となる。また、免税事業者であっても、申告を行うことにより還付を受けられる場合がある

青色申告各種届出

[1]　青色申告承認申請書

　○青色申告承認申請書の提出

　　青色申告を行って、その特典を受けるには、所轄の税務署に対して「青色申告承認申請書」を提出し、それが認められることが必要です。

　　この申請手続きは、青色申告を始める最初の年にだけ行えばよいことになっています。一度青色申告の承認を受けてしまえば、途中で取りやめ等をしない限り、翌年以降も継続して青色申告者となります。

　○申請書の提出期限

　　青色申告承認申請書は、所轄の税務署長に対して青色申告を始めようとする年の3月15日までに提出する必要があります。ただし、新規に事業を始めた場合の提出期限は次のようになります。

　新規に事業を始めたとき

　・1月15日以前に開業したとき…3月15日まで

　・1月16日以後に開業したとき…開業の日から2カ月以内

　　白色申告から青色に切り替える場合

　・青色申告にする年の3月15日まで

[2]　青色事業専従者給与に関する届出書

　　この届出書を提出しないと、専従者に給与を支給しても必要経費とは認められません。またその場合、同時に「給与支払事務所等の開設届出書」を提出する必要があります。

[3] 源泉徴収の納期の特例の承認申請書
○源泉徴収制度

　これまで会社員だった人は源泉徴収される側でしたが、個人事業主となり、専従者等に給与を支払う場合には、今度は源泉徴収する側になります。

　源泉徴収の時期は、給与や賞与を実際に支払うとき（給与は毎月、賞与はそれを支払う一定の時期）になります。原則として源泉徴収した所得税額は、給与を支給した翌月の10日までに国に納付することになっています。

○納期の特例制度

　給与などの支給を受ける人数が常時10人未満の源泉徴収義務者については、半年分ずつ年2回（1〜6月分：7月10日まで、7〜12月分：1月10日まで）にまとめて納付できる制度が設けられています。これを「納期の特例制度」といいます。この制度の適用を受けるためには、所轄の税務署長に対して「源泉所得税の納期の特例の承認申請書」を提出して承認を受けなければなりません。

保存すべき帳簿書類

　青色申告者には、その年の業務を行うことに関して作成した帳簿および決算に際し、作成した棚卸表、その他の書類、受領した請求書・納品書・領収書、その他これらに類する書類（自己作成した書類の写しも含む）の保存が義務付けられています。保存期間は、帳簿および決算、現金預金等関係の書類は7年、その他の書類については5年とされています。

表 20　青色申告と白色申告の相違点

	青色申告	白色申告
記帳・記録保存義務	65 万円の控除を受けようとする人は、正規の簿記（複式簿記※）による帳簿の記帳・記録保存義務がある	白色申告者には書類等の保存義務はあるが、基本的に記帳義務はない。ただし、前年分又は前々年分のいずれかの年分の事業（農業）所得等の合計額が 300 万円を超える人には、簡易な記帳と記録を一定期間保存する義務が課せられている
決算書の作成	「損益計算書」「貸借対照表」	「収支内訳書」
特典	[1] 青色申告特別控除 [2] 青色事業専従者給与の必要経費算入 [3] 貸倒引当金の必要経費算入 [4] 減価償却費の特例 [5] 純損失の繰越控除または繰戻しによる還付 [6] 現金主義による所得計算の特例	

※複式簿記とは…すべての取引を借方・貸方に分けて記入し、各口座ごとに集計し転記する方式のこと

3 知っておきたい移住の手続き

第二のふるさとで暮らすための移住ノウハウと段取り、注意点

　I・J・Uターンにともなう転居、転職は、生活の基盤から仕事場まで、一切合財を「移動」してくるわけで、転居だけ、あるいは、転職のみをする場合と違い、相当数の手続きが必要となります。家族がいれば、さらにその数は増えるでしょう。

　また「ふるさと」や「田舎」で暮らすということは、その土地の者になることです。これもやはり、単なる「引越し」や「転職」とは事情が異なります。

　そこで「保険」と「税金」に続き、ここではI・J・Uターンの知識として欠かせない「移住」に関する手続きとその段取りについてまとめてみました。あわせて新たな「ふるさと」で生活を始めるにあたっての注意点にも触れることにします。

住まいはどうする？
──地方自治体からの支援

　I・J・Uターンについて、少しでも調べたことがある人なら知っていると思いますが、全国のさまざまな地方自治体で、過疎化対策として行われていることの一つに、移住者への支援があります。

　土地の無償供与や購入資金の助成など、支援の内容はさまざまです。対象者も、独身者のみ、ある年齢以下などいろいろ設けられています。

　条件に合えば有利になることは間違いありませんので、就職

先を探すのと同時に、事前にこうした行政サイドからのバックアップの内容を知っておくと、計画を立てやすくなるでしょう。

引越し、これは知っておきたい
——その1　コストダウンノウハウ

I・J・Uターンの引越しは費用がかさむので、何とか必要最低限にとどめたいのが本音でしょう。

引越し代について、農業法人等に転職する場合は、まず就職先で支援してくれるかどうかを聞いてみましょう。法人の場合などは「赴任するための費用」として会社負担にできることがあります。

地方自治体によっては過疎化対策などで移住者への支援を行っているところもあります。この中で、引越し代ともいえるべきものとして「定住奨励金」「就労奨励金」といった優遇策もありますので、調べてみましょう。

運送費用は何社かに見積もりを取り、見比べると適正価格がわかってきます。当然ですが、運ぶものが少ないほど安く済みます。家財道具があまりにも多い場合は、家財を買い換えるという手も考えましょう。

——その2　段取りノウハウ

物件を決めるまでと、引越すまでは、取るべき手続きも多く、現在の住まいと移住先とを何度も往復することになり、当然、費用と手間がかかります。

そのため、結婚している場合は、就農や研修、就職をする人だけ先に行き、家族は後から引越すというように、役割分担の体制を敷いてしまうほうが、効率がいいこともあります。ただ

し、引越し前は、現物を見ながら家族で話し合って進めていく協力体制をとっていくことも重要です。うまく乗り切るには、自分たちに合ったやり方で進めることです。

　移住前の具体的な手続きとチェックリストは次ページの表にまとめましたので、そちらを参考にしてください。

土地の人間になる
——I・J・Uでいちばん大切なこと

　都会での生活を離れて移住するということは、その土地の人間として生きていくということです。

　日本の田舎は、コンパクトな社会であり、向こう三軒両隣というように、共同体意識が強くなっています。内側に入り込むには自分から積極的に関わっていく姿勢が大切です。

　どのように関わるか？　心配は無用です。地域には消防団や自治会などの集まり、作目ごとの生産者の集まり、伝統的な寄り合い、子ども会や少年野球・サッカーチームの世話役……等々、さまざまなイベントや活動、団体が用意されています。

　本気で関わっていく気持ちがあるかどうかの問題です。その第一歩となるのが、引越し時の「あいさつ回り」なのです。

　できれば引越す前に、遅くとも引越し当日には近所へあいさつにいきましょう。結婚しているなら、もちろん家族そろって！新しい土地で、新しい人たちとのコミュニケーションを図りながら、豊かな移住ライフを見つけましょう。

表21　I・U・J関係手続き

●I・U・Jターン前

役所への届出	転出届	「転出証明書」を受け取る。「印鑑」「身分証明書」が必要
	国民健康保険の手続き	「保険証」を返却、「印鑑」が必要
	「転校確認書」提出	「転出学通知書」を受け取る→転出前の学校へ提出
	原付自転車の手続き	「標識交付証明書」「ナンバープレート」を提出。「廃車証明書」を受け取る。「印鑑」が必要
	その他	乳幼児医療、児童手当
公立小中学校への届出	転校届	「転校確認書」を受け取る→転出前の役所へ提出
	「転出学通知書」提出	「在学証明書」「教科書給与証明書」を受け取る→転出後の学校へ提出
生活関連手続き	電気、ガス、水道	電話またはインターネットで通知
	電話	電話またはインターネットで通知
	NHK	電話またはインターネットで通知
	新聞、生協等	配達の中止、解約の通知
	プロバイダ	回線の移転手続き
	クレジットカード	インターネット等で通知
郵便局への届出	郵便物の転送届	「身分証明書」が必要

●I・U・Jターン後

役所への届出	転入届	「転出証明書」を提出。「印鑑」「身分証明書」が必要
	住民票交付申請	「運転免許証」の手続きで必要。賃貸住宅への入居、金融機関の住所変更に必要なことも
	印鑑登録	「印鑑」「身分証明書」が必要
	国民健康保険の手続き	「保険証」の交付手続
	転入校の指定を受ける	「転入学通知書」を受け取る→転出後の学校へ提出
	原付自転車の手続き	「住民票」「廃車証明書」を提出。車体ナンバー控、「印鑑」が必要
	飼い犬の登録	手元の「鑑札」「狂犬病予防注射済証明書」が必要。保健所でも可
	その他	乳幼児医療、児童手当
公立小中学校への届出	「転入学通知書」提出	「在学証明書」「教科書給与証明書」を添付
警察への届出	「車庫証明」の手続き	賃貸住宅、月極駐車場の場合は車庫管理者の「使用承諾書」を提出
	「運転免許証」住所変更	「住民票」「運転免許証」を提出
陸運局または自動車検査登録事務所への届出	自動車の登録変更手続き	「車庫証明」「車検証」「住民票」「自動車納税証明書」を提出。「印鑑」が必要
金融機関手続き	住所変更手続き	「通帳」「印鑑」、新住所を証明する書類(「住民票」や「住所変更済みの運転免許証」など)が必要。郵送専用届出用紙や、インターネットからも変更可能
生活関連手続き	ガス	ガスは開栓の立会いが必要
	電気、水道	使用開始申込書を投函

資料編

全国新規就農相談センター

全国新規就農相談センターの活動内容

　全国新規就農相談センターでは、新規就農に関する様々な支援活動を行っています。大きく分けると、①日常の相談活動・情報提供、②体験・研修活動への支援、③農業法人への就職支援です。

　①日常の相談活動・情報提供は、就農希望者の円滑な就農（後継者不在の農業経営の第三者継承を含む）に向けたオンライン・対面等による相談、手軽に豊富な情報が得られるホームページの開設や、就農相談関連資料の作成により、情報を発信しています。また2020年から、実際に新規就農した方等をゲストに、就農までの道のりや成功のポイントについて伺う就農セミナーを開催しています。

　②体験・研修活動は、農業法人での体験と、学校での体験・研修を用意しています。

　③農業法人への就職支援は、農業法人等の求人情報の収集お

よび発信、「新・農業人フェア」の紹介のほか、無料職業紹介所としても活動しています。

〈新規就農相談活動〉

　ベテランの就農相談員による個別の就農相談（予約が必要）、新規就農相談会・新規就農セミナーなどを同時に行う「新・農業人フェア」の紹介、就農相談の基礎資料となる「自治体等による新規就農者受入支援情報」などの公開、農業法人等による求人情報の収集・発信などを行っています。

　全国新規就農相談センターでは、就農にあたって必要となる制度・事業などの紹介や求人・研修情報などを満載したホームページを開設しています。年間210万件以上のアクセスがあり、多くの方が活用しています。また、新規就農者の受け入れを希望する農業法人も活用しており、就農情報だけにとどまらず、農業経営者向けの情報も充実しています。

　多くの都道府県新規就農相談窓口でもホームページを開設しており、各県の農業概要や新規就農の支援措置が閲覧でき、電子メールで相談もできます。

「農業を始めたい」と思ったら!!

全国新規就農相談センター

- 農業をはじめたいけど、どこに相談すればいいか分からない
- どこで農業をはじめたいか決まっていない
- どんな作物を作りたいか決まっていない
- 農業をはじめる人向けの融資や補助金について知りたい

まずは当センターにご相談ください!! 相談無料

対面でのご相談
全国新規就農相談センターの窓口で、専門の相談員が対応いたします。

◀ご予約はコチラ

オンラインでのご相談
Zoomを使って、専門の相談員が対応いたします。

◀ご予約はコチラ

メールでのご相談
いただいたご相談に対して、専門の相談員が回答いたします。

◀メール相談はコチラ

電話でのご相談
まずはこちらまでお電話ください。

03-6910-1133

全国農業会議所は、昭和62年から新規就農支援事業の一環として、「全国新規就農相談センター」を設置しています。
センターでは、新規就農に関する様々な支援活動を行っています。

問合せ先 **全国新規就農相談センター**(一般社団法人全国農業会議所)
〒102-0084 東京都千代田区二番町9-8 中労基協ビル2階
TEL:**03-6910-1133** [対応時間:平日9〜17時] FAX:03-3261-5131

- ●東京メトロ有楽町線「麹町駅」4番出口 徒歩4分
- ●JR「四ツ谷駅」麹町口 徒歩8分

公式HP「農業をはじめる.JP」

@ncabefarmer

@shuunou

@be_farmer.jp

チャンネル名「全国新規就農相談センター」

都道府県新規就農相談窓口一覧

就農相談窓口	電話番号
(公財)北海道農業公社 (北海道農業担い手育成センター)	011-271-2255
(公社)あおもり農業支援センター	017-773-3131
岩手県農業経営・就農支援センター就農サポート (岩手県庁農林水産部農業普及技術課)	019-629-5654
宮城県農業経営・就農支援センター ((公社)みやぎ農業振興公社)	022-342-9190
秋田県農業経営・就農支援センター ((公社)秋田県農業公社)	018-893-6212
山形県農業経営・就農支援センター ((公財)やまがた農業経営・就農支援センター)	023-641-1117
(一社)福島県農業会議 (公財)福島県農業振興公社就農支援センター	024-524-1201 024-521-9848
(公社)茨城県農林振興公社	029-350-8686
とちぎ農業経営・就農支援センター ((公財)栃木県農業振興公社) (一社)栃木県農業会議	028-648-9515 028-648-7270
群馬県農業経営・就農支援センター ((一社)群馬県農業会議内)	027-280-6171
(公社)埼玉県農林公社	048-559-0551
千葉県農業者総合支援センター	0800-800-1944
(公財)東京都農林水産振興財団 (一社)東京都農業会議	042-528-1357 03-3370-7145
(一社)神奈川県農業会議 神奈川県立かながわ農業アカデミー	045-201-0895 046-238-5274
新潟県担い手支援センター((公社)新潟県農林公社) (一社)新潟県農業会議	025-281-3480 025-223-2186
富山県農業経営・就農サポートセンター	076-441-7396
(公財)いしかわ農業総合支援機構	076-225-7621
(一社)福井県農業会議 (公社)ふくい農林水産支援センター	0776-21-8234 0776-21-8311
(公財)山梨県農業振興公社 (山梨県就農支援センター)	055-223-5747
(公社)長野県農業担い手育成基金	026-236-3702
(一社)岐阜県農畜産公社 (ぎふアグリチャレンジ支援センター)	058-215-1550
静岡県農業経営・就農サポートセンター ((公社)静岡県農業振興公社内)	054-250-8989

就農相談窓口	電話番号
愛知県立農業大学校　企画研修部就農企画科 (農起業支援ステーション)	0564-51-1034
(公財)三重県農林水産支援センター	0598-48-1226
滋賀県就農相談センター ((公財)滋賀県農林漁業担い手育成基金)	077-523-5505
農林水産業ジョブカフェ (京都ジョブパーク農林水産業コーナー)	075-682-1800
大阪農業つなぐセンター (大阪府環境農林水産部農政室推進課経営強化グループ内)	06-6210-9596
ひょうご就農支援センター	078-391-1222
奈良県農業経営・就農支援センター	0742-27-7419
わかやま農業経営・就農サポートセンター (和歌山県経営支援課)	073-441-2932
鳥取県農業経営・就農支援センター	0857-26-7262
(公財)しまね農業振興公社	0852-20-2872
岡山県農業経営・就農相談センター ((公財)岡山県農林漁業担い手育成財団)	086-226-7423
広島県農業経営・就農支援センター (広島県就農支援課)	082-513-3531
山口県農業経営・就農サポートセンター	083-933-3375
(一社)徳島県農業会議 (公財)徳島県農業開発公社	088-678-5611 088-624-7247
(公財)香川県農地機構 (一社)香川県農業会議	087-816-3955 087-813-7751
(公財)えひめ農林漁業振興機構	089-945-1542
高知県新規就農相談センター	088-824-8555
(公財)福岡県農業振興推進機構 (一社)福岡県農業会議	092-716-8355 092-711-5070
さが農業経営・就農支援センター	0952-20-1590
長崎県新規就農相談センター	0957-25-0031
熊本県農業経営・就農支援センター (熊本県新規就農支援センター)	096-385-2679
(公社)大分県農業農村振興公社	097-535-0400
(公社)宮崎県農業振興公社　担い手支援課	0985-51-2631
(一社)鹿児島県農業会議 (公社)鹿児島県農業・農村振興協会	099-286-5815 099-213-7223
沖縄県新規就農相談センター	098-882-6801

＞ 移住について詳しく知りたい ＜ ＞ 地方での就農や就職について教えてほしい ＜

「移住・交流情報ガーデン」で 気軽に移住相談!

総務省が、地方移住に関する情報提供や
相談支援の一元的な窓口として開設した「移住・交流情報ガーデン」。
地方移住に関する一般的な相談に対応しているほか、
地方での就農や就職などの相談には専門の相談員が対応します。
また、移住に関するセミナー・移住相談会が随時開催されています。

気になることを
聞いてみよう!

移住・交流情報ガーデン ......

営業時間	[平日] 11:00〜21:00　[土日祝] 11:00〜18:00
休館日	月曜 (祝日の場合は、翌営業日)・年末年始
所在地	東京都中央区京橋1丁目1-6 越前屋ビル
アクセス	JR／東京駅【八重洲中央口】より徒歩4分 地下鉄／東京メトロ銀座線 —— 京橋駅より徒歩5分 東京メトロ銀座線 東京メトロ東西線 —— 日本橋駅より徒歩5分 都営浅草線

▼ 移住に関するセミナー・移住相談会の
　 開催情報はwebサイトでチェック!

就農情報ポータルサイト

農業をはじめる.JP

農業に興味を持たれた方、農業で働いてみたいと考え始めた方向けに役立つ情報を集めたポータルサイトです!

全国の自治体、民間企業、団体等が開催する就農相談会、農業体験、農業研修、農業法人の求人情報なども幅広く掲載。あなたの就農検討段階に応じた情報がきっと見つかります!

https://be-farmer.jp

※「農業をはじめる.JP」は、農林水産省の補助事業として、(一社)全国農業会議所(全国新規就農相談センター)が運営しています。

新規就農者の"リアル"な経験談と就農成功のポイントが聞ける!

オンライン就農セミナー

全国新規就農相談センターでは、農業に興味のある方、農業を本格的に始めたい方などを対象に、オンラインの就農セミナーを開催しています。

ゲストに新規就農者等を招き、就農に至った経緯や、研修から独立するまでの道のり、就農成功へのポイントを伺います。視聴者からの質問もリアルタイムで受け付けてその場で回答いたします。

「何となく農業に興味があるけど、何から始めていいか分からない」という方から「本格的に農業をやってみたい」という方まで「農業」に興味のある皆様のご参加をお待ちしております。

最新の開催情報はコチラ▶

発行:一般社団法人全国農業会議所
〒102-0084 東京都千代田区二番町 9-8 中央労働基準協会ビル 2F　TEL:03-6910-1133(平日9:00～17:00)　FAX:03-3261-5131

全国農業図書のご案内

作目別新規就農NAVI　1 野菜編

R02-42 B5判 オールカラー25頁 440円（税込）

　新規就農を志す人に向けた作目別のガイドブックの第一弾。情報収集の仕方から資金・農地の確保といった具体的な就農準備まで幅広くカバーする一冊。

藤田智の園芸講座

R04-40 A5判 162頁 1,430円（税込）

　恵泉女学園大学教授でテレビでもお馴染みの藤田智氏が、楽しくわかりやすく野菜づくりを解説。約50の野菜のほか、菜園計画や土づくりの方法なども紹介。

3訂　複式農業簿記実践テキスト

R04-26 A4判 135頁 1,700円（税込）

　簿記記帳のイロハから実務まで網羅した手引書。特に学習のヤマ場といわれる「仕訳」で多くの仕訳例を掲載。

令和版　記帳感覚が身につく
複式農業簿記実践演習帳

R03-08 A4判 48頁 420円（税込）

　「3訂 複式農業簿記実践テキスト」に対応した演習帳。テキストによる学習と併せて演習問題にチャレンジすることで、学習効果が飛躍的にアップ。

新規就農ガイドブック

令和5年3月発行　　　定価：1,210円（本体1,100円＋税10%）

発　行　一般社団法人 全国農業会議所
〒102-0084　東京都千代田区二番町9−8
中央労働基準協会ビル2階
電話　03(6910)1131
全国農業図書コード　R04-39

落丁本・乱丁本はお取り替えいたします